黑狗研究院心理绘本系列

[澳]马修·约翰斯通（Matthew Johnstone）[澳]迈克尔·普雷尔（Michael Player）著　陶莎 译

Stress Less

再见，压力

广西科学技术出版社

“将你压垮的不是压力，
而是你承受压力的方式。”

卢 · 霍兹（Lou Holtz）

献给我们的家人、朋友以及世界上
所有正在承受压力的人们

STRESS
Less

STRESS
LES

目录 CONTENTS

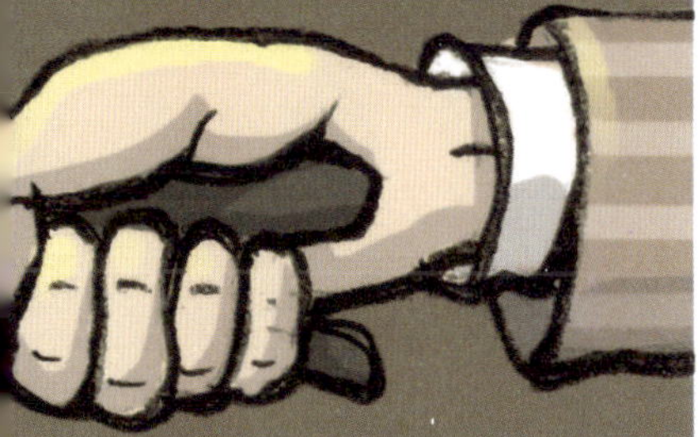

我们跟压力说再见的故事

马修·约翰斯通
Matthew Johnstone

曾经的我留着一头深棕色的卷发，但是现在，我就像一支即将燃尽的香烟，烟灰还留在那里没有被弹去。虽然这其中的部分原因可能是遗传和衰老，但事实上，在我35岁左右的那一年里，由于压力持续不断地累积，我的头发迅速失去了颜色，而这些压力大多是由我自己造成的。

在我进入广告行业做了3年的艺术总监之后，我才真正知道什么叫作压力。一部分原因是，这个行业从本质上就是很拼的；另一个原因则是，我是个完美主义者。和轻微的压力一样，一点点完美主义并不一定是件坏事。它给我们的工作赋予自豪感，激励我们把工作做好，让我们的优势得以展示。但当它全面主导我们的时候，问题就出现了。我经常会对结果感到失望，以至于我无法信任其他人能够做好他们的工作。我还会把标准设得很高，让人无法达到。我不是最好的艺术总监，但我真的非常认真，因为“你的水平永远体现在你的上一个作品上”。

我清楚地记得，我开始失眠了。我感觉好像有一根冷冰冰的电线穿过整个手臂，甚至有一段时间，我的眼角还会断断续续地出现频闪的亮光。我后来了解到，压力其实会体现在许多不同的方面，长期存在、持续不断和未经治疗的巨大压力，绝对是导致比如抑郁或焦虑等严重心理健康问题的一个重要因素。而且，它对你的生理健康也不是特别好。

我有一个兄弟是一位精神病学家，另一个则是心理学专业出身，所以我本应该对此更加了解的。然而，因为我是一个男人，因为我的自负和我所从事行业的本质，面对压力时我选择了用工作、酒精和药物去抑制、挫败、淹没它。我过去通常称之为“自娱自乐”（self-a-muse）——它总是有助于缓解紧张和减轻痛苦，但，这只是暂时的。因为没有好好照顾自己，最终我患上了可怕的抑郁症。从那以后，我把我的生命都投入到理解心理健康和幸福中，同时也帮助其他人学习如何避免跌入同样的陷阱。在我看来，预防就是最好的治疗。

这本书里包含了许多重要的词语，作者是聪明绝顶的临床心理学家迈克尔·普雷尔博士，他对一切与处理压力有关的事物充满了激情，无时无刻不在跟它们打交道。作为一名临床心理学家和研究人员，他花了多年时间来研究这个问题。这本基于实证的书解释了什么是压力、什么有助于缓解压力，同时还配有许多我创作的插画，让你在阅读的时候可以远离压力。在这本书中，我还在“关于压力的生活启示”的部分，加入了我自己的压力故事和一些生活日常。我希望这些能对迈克尔的至理名言有所补充。

如果压力已在你的生活中占据很大的部分，那么请不要忽视它并指望它会自己消失。尽管我们很想这样，但我们并不能阻止压力的到来，不过，我们可以学会去管理压力、减轻压力、与压力共舞。把压力看作是你内心的空袭警报，提醒自己：我的世界出了一些问题。把压力看成你的一位盟友：认真去聆听它在说什么，然后冷静地采取纠正措施，让音量降低。

我衷心希望这本书能够帮助你摆脱压力。

迈克尔·普雷尔博士
Dr.Michael Player

作为一名经验丰富的心理健康研究员和临床心理学家，我处在一个独特的位置，可以精确地看到压力是如何影响我们的思想、身体和行为的。我已经发现，持续性的压力会对人产生生物学方面的影响。当细胞产生分裂，大脑的重要部位发生萎缩、逐渐衰弱时，压力的影响非常明显。我还治疗过一些处于严重压力状态下的病人，他们无法进食、睡眠、集中注意力、做出决定或进行他们的工作。有些人甚至无法离开他们的家。

利用《再见，压力》这本书中分享的方法来制订合理的健康计划，我们就可以恢复健康并保持一个令人满意的生活平衡状态。在这个过程中我们会武装你，让你意识到自己的触发点和症状，并帮助你制订一个可持续的计划，使你更好地管理压力、重新觉醒、健康生活！

从我们一起在黑狗研究院（Black Dog Institute）的时候起，马修和我就是穿一条裤子的感情了，我们会分享想法、分享舞台，还会分享有关爸爸的冷笑话。我经常在我的演讲中使用马修的插画，很多人都会告诉我这些图片是多么打动他们，以及一个人能理解他们的感受是多么有意义。马修就是这样一个奇才，他的作品不断地鼓舞我、惊艳我，能够把他的插画配以文字对我来说真是极大的荣幸。

在我的一生中，我的压力给我带来了这些被人们描述为担忧、恐惧、焦虑、悲伤甚至是抑郁的经历。我的（也可能是你的）许多重要的生活决定和应对方式，都是围绕着当时所经历的压力而做出的。比如，作为一个成年人，我曾经做过一系列充满压力的工作——长时间在建筑工地上工作并任职极度危险的工种（为了挣钱去上大学）；在20世纪90年代末、21世纪初市场极其动荡的时候，担任过股票和期货交易员；在一个崇尚狼性管理，实际上对管理一无所知并且要求极高的企业中任过职。在很长一段时间里，这些工作上的压力影响了我的健康，导致我想要分散、减少和逃避这些痛苦，并挣扎着去应付所有常见的问题。

然而，我经历过的最大压力则发生在我学习挚爱的心理学的时候。学习喜爱的专业本应该是一种乐趣，但我给自己施加了很大的内部压力，我一边全职攻读临床硕士学位，一边写博士论文，同时还要兼职（相当于全职！）进行研究工作。那是我最忙的时候，说实话，我快要崩溃了。

我的内心发生了一些变化，我再也不是从前的那个我了。我甚至不得不紧急休假两周来让自己得以恢复。那个时候没有人知道这件事，但我的状态真的很糟糕。

管理压力是必要的。在这本书里，我的这项摆脱压力的全面健康计划结合了最好的压力管理技巧，它并不是一种预防压力的方法——因为你无法杜绝压力的到来，但它将有助于控制和减轻你的症状，让你可以弄明白什么才是重要的（小提示：就是你的健康）。

我希望这本书能够帮助你好好地利用个人经历，学会和压力说再见。

读这本书时你要用到的咒语：

若非此时，更待何时？

前言
INTRODUCTION

“杀死我们的不是压力，而是我们面对压力的反应。”

汉斯·薛利（Hans Selye）

早在1936年，在压力被认为是引起许多现代疾病的原因之前，压力研究的教父汉斯·薛利就把它定义为“机体对任何变化要求做出的非特异性反应”。后来，他把这一定义改为“对机体的损耗率”，我认为这更好地反映了我们在经历了一轮压力之后的感受：疲惫、衰老、备受打击。

首先，让我们看看那些证据确凿的统计数据。压力被认为是几乎所有重大疾病的主要潜在诱因，也是6大致死原因中的5项——心脏病、癌症、中风、下呼吸道疾病和意外事故——的主要潜在诱因。不管你阅读的是哪份调查报告，75%—90%

的人是因为压力所致的疾病来找全科医生就诊的。此外，世界卫生组织（WHO）预计到2030年，与压力有关的精神健康问题，包括抑郁和焦虑，将会变得比今天更加普遍。同时，压力还会取代心脏疾病，成为全世界疾病致残的头号原因。你说这听上去可怕不？

如果压力对我们如此有害，我们显然应该离它远远的！但不幸的是，研究表明，5项最主要的压力源（stressor，即给我们造成压力的事情）是个人财务、个人健康、人际关系、维持健康的生活方式以及照料我们所爱的人。试问，谁能逃避得了这些问题呢？

来自作者的一段很重要的信息

你能拿起这本书就是一个明智的选择，但如果你现在已经被压力逼得喘不过气来，请不要害怕去寻求你所需要的帮助或支持。

从和你信任的人进行简单的聊天开始，或是去拜访你的家庭医生，或是和公司人力资源部的同事们交流一下……不要觉得你必须一个人来承担所有的压力。当你和别人分享一个问题时，就是把问题缩小了一半。生命太短暂，不要浪费在那些糟糕的感觉上。

研究人员还发现，我们所经历的压力越大，我们的应激反应通路（stress pathway，即面对压力时大脑中所连接的特定细胞组合）就越容易被触发，我们也就越有可能产生一些毫无帮助的想法，做出一些毫无意义的举动，导致自己更有压力。随着时间的推移，应激反应通路越活跃，压力就会变得越强大。这意味着，它可以由越来越低水平的事件所触发（即所谓的敏感化），在本不应该生效的时候被触发。我们已经可以在身边看到这样的情形：人们因为错过了一辆公共汽车、弄洒了一杯咖啡或是排了一条很长的队而变得精神紧张。因此，虽然触发事件本身没什么大不了的，但它变成了我们头脑中必须去解决的问题，而这些事件慢慢累积，最终会让我们感到崩溃。

一旦我们接受压力是生活中不可避免的一部分，承认我们不能像关掉水龙头一样随心所欲地关掉它，那我们就必须学会去管理压力（注意，我并没有说要消除压力）。这一点我们是可以做到的！这本书将教你如何去做。这本书的使用说明非常简单："不要听信你的思想！"尝试各种方法，然后发现哪些是对你最有用的。现在让我们花点时间，去学习与压力相处的最佳方法，因为你与压力之间的关系将会一直存在。

最后，你可以放心，《再见，压力》里的所有内容都通过了关键的鸭子测试[1]。书里的每一种技巧都是有用的，但除非你去尝试它们，否则你永远不会知道哪一种对你有用。你不会知道有多少身材魁梧的卡车司机非常喜欢在一天漫长的驾驶之后，想象自己漂浮在云端的画面，以此来放松自己。在阅读这本书的时候，请在手边准备一个笔记本，把每一个你觉得正确或给你带来启发的想法都记录下来。因为，我们更容易去将写下来的事情付诸实践。

让我们为没有压力的生活而干杯！要积极，要有耐心，要勇敢！你值得你所付出的努力，未来的你也会因此而感谢现在的你！

[1] 译者注：原文为"'quack' test"。鸭子测试是一种归纳推理，即"如果它看起来像鸭子，游泳像鸭子，叫声像鸭子，那么它可能就是只鸭子"。这个测试告诉我们可以通过观察未知事物的惯常行为特征来辨别该事物。

1 压力，再见

给你造成压力的迹象、症状和诱因

在这一章节，我们会告诉你：

- 为什么会产生压力以及压力是如何产生的
- 造成压力的迹象、症状和诱因
- 如何监控和管理你的压力水平

12
启动
安全
气囊

我们为什么会有压力

人类的压力可以是任何导致身体、精神或情绪损耗的东西。它是生活中很正常的一部分，而且适度的压力对我们是有好处的。它可以让我们在做事情的时候保持动力、精力充沛。

例如，你可能不会为了考试而去学习，也不会为了董事会报告而努力工作，除非你对结果感到一些压力。斯坦福大学的凯莉·麦高尼格博士（Dr.Kelly McGonigal）和她的同事们认为，影响我们的不是压力本身，而是我们看待压力的方式。他们的研究表明，如果我们认为压力对我们有害的话，那么它就真的有害！

压力的演变

当我们感到威胁时（不管我们是否真的受到了威

胁），我们的交感神经系统会产生一系列被称为“战斗或逃跑”的生理反应。这在早期的人类生存中至关重要，使我们得以躲避众多的捕食者。当有捕食者出现时，人类大脑的警报系统会自动激活一个预先设定好的身体上的逃生计划，让我们得以幸存下来。

如今，这种反应在我们身上仍然存在：我们的心跳加快，以便使血液泵入四肢；我们的呼吸加深，以便使肌肉得到更多的氧气；我们出汗增多，以便加速散发热量；我们会放慢消化功能等不必要的身体功能，放大瞳孔，以便使我们更加专注；我们会得到肾上腺素和皮质醇的补充，以便让我们为接下来的行动做准备。现在，我们已经为战斗或逃跑做好了准备，当然，如何选择取决于我们面临的实际威胁。

问题是，在现代社会，我们的警报系统会识别出许多“威胁”，即使它们并不会对我们的生命构成真正的威胁，比如工作上的最后期限，与同事之间的争吵，或者是我们的队伍在比赛最后1分钟时还落后1分，等等。

这些都是虚惊一场，因为我们根本没有生理上的危险，但我们的机体依然会做出面对危险时的反应。作为应激反应的一部分，我们的大脑只关注眼前的威胁，而大脑的理性部分则处于空闲的状态。这就表示我们并没有看到整体局面，我们保持冷静、逻辑思考和明智解决问题的能力也受到了影响。

在摆脱压力的过程中，我们希望能激活与“战斗或逃跑”反应相对的反应，即由副交感神经系统驱动的、平静缓和的“休息和恢复”反应。

压力长什么样子，压力是什么感觉

仔细看看下面列出的这些症状，诚实地进行评估，看看你是否经常表现出其中的一种或几种，这会让你知道什么时候最需要采取行动。拿出你的笔记本，把这些症状都记下来。想要克服压力，至关重要的第一步就是你能够注意到它的存在。

生理方面

- 肌肉紧张（比如你的肩颈部位）
- 头疼
- 难以入睡或半夜总是醒来，以及（或者）早晨醒得太早
- 疲倦
- 心跳过快
- 呼吸困难
- 无精打采
- 没有食欲或者暴饮暴食
- 磨牙
- 恶心、忐忑或心慌

心理方面

- 难以聚精会神或集中注意力
- 无法开始或完成一项任务
- 选择困难
- 担心或想着事情最糟糕的情况
- 纠结——总是翻来覆去地关注一个想法或是问题，而不是解决方案
- 容易发怒或沮丧，说话语气也比以往更凶
- 忘记去做一些重要的事情，比如付账单

社交方面

- 退出一些社交活动
- 在谈话中总是分心走神
- 回避他人（比如取消约会或户外社交活动）
- 总是想赖在床上，躲起来不与这个世界接触
- 与朋友见面的次数减少

行为方面

- 对他人疾言厉色
- 不吃饭
- 相比以往吃更多不健康的食物（比如巧克力、薯片、含糖的饮料）
- 在交谈中打断别人
- 回避你的同事
- 那些以往不会对你产生什么影响的事情，变得容易使你沮丧
- 路怒[1]
- 列出的待办事项越来越多
- 把工作带回家里
- 周末也在工作
- 抱怨自己感到多么劳累
- 越来越频繁地休息
- 比以往犯更多的错误
- 错过最终期限或那些你以往不会忘记的会议
- 请病假的天数变多
- 通过社交网络来逃避生活
- 喝更多酒

情绪方面

- 更容易掉眼泪，或是情绪更为敏感
- 暴躁或是易怒
- 情绪低落或是萎靡不振
- 感到焦虑或紧张不安

---

[1] 译者注：在困难的条件下驾驶汽车所涉及的压力和挫败感引起的强烈愤怒。

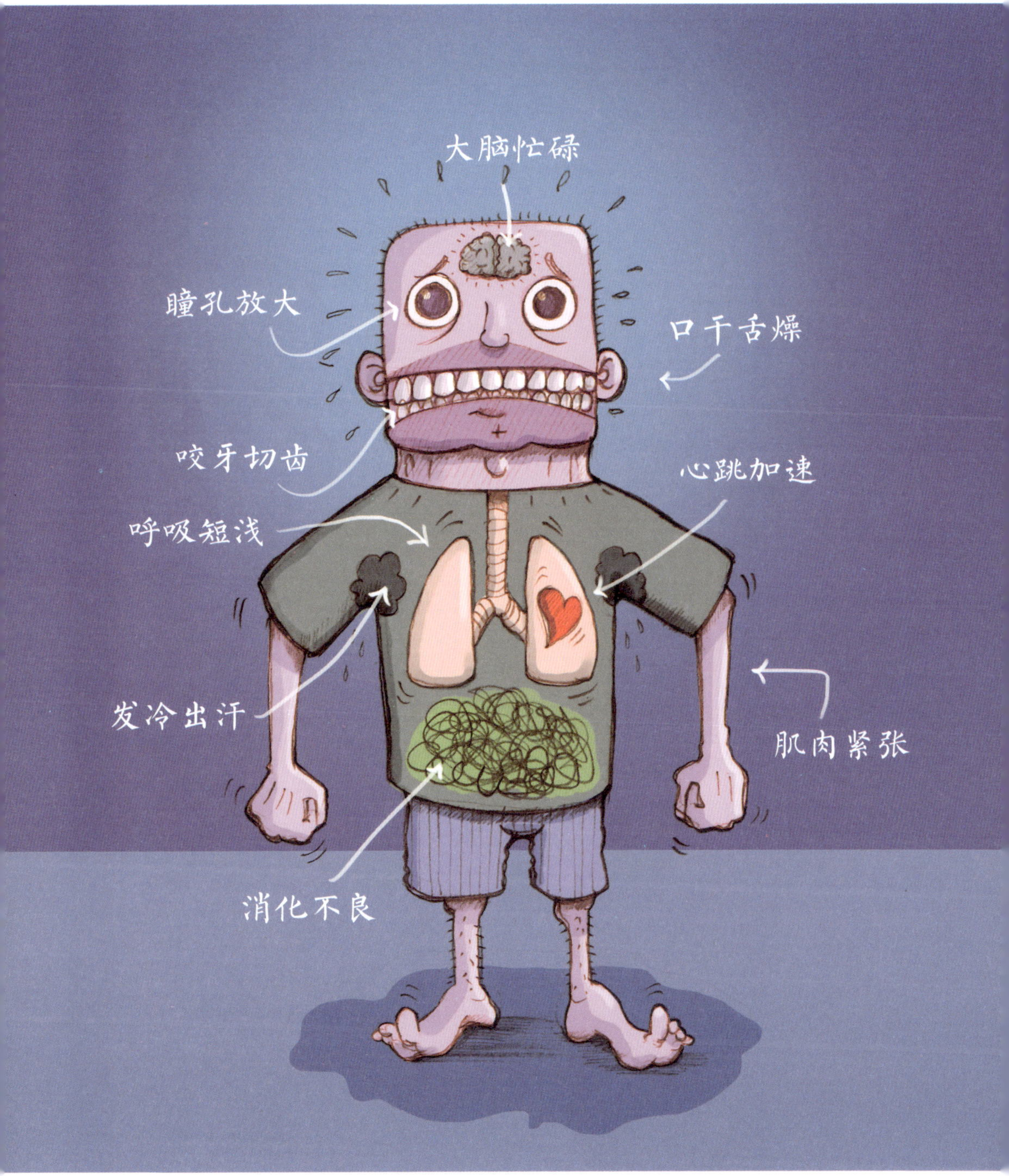
大脑忙碌
瞳孔放大
口干舌燥
咬牙切齿
心跳加速
呼吸短浅
发冷出汗
肌肉紧张
消化不良

拉高

我们哪来这么大的压力

这个问题可能听起来很奇怪，但我们怎么会允许自己承受如此大的压力呢？我们现在的生活方式实际上正在威胁着我们的生命。这听起来真是匪夷所思，明明我们所生活的社会是最安全、最繁荣的社会之一，而且我们正处在世界历史上最和平的时期。

除此之外，计算机自动化本应使我们的生活变得更加简单，全球联系的加强本应使人际关系的维护变得更加容易，毕竟我们有了更多的选择、更好的公共交通、更大的电视和更智能的电话，不是吗？然而，我们却可能是人类历史上压力最大、最不快乐的一群人。到底是哪里出了问题？

这值得我们进行一些反思，注意以下提到的几点，思考它们是否会给你带来额外的压力。

- 虽然我们拥有了更多的“好友”，通过科技与社会“联系”得更加紧密了，但我们的人际关系和社区联系却变得更为薄弱。进化心理学表明，人类之间的相互接触和亲属关系有助于缓解焦虑，但我们却经常因为下面一条内容而忽略这一点。

- 我们更关注金钱、名声、外在形象等因素，而这些与焦虑和抑郁是正相关的。

- 我们正在吸收比以往多得多的信息，这其中有很多都是危言耸听。在我们的文化中，恐惧是被用来激励我们的。那些关于全球变暖、恐怖主义、经济衰退、社会不公、仇外情绪等的警钟声不断地传到我们耳边，敲击着我们的心灵。

- 我们在自己的不安情绪中挣扎，想要反抗它们而不是顺其自然。对于那些让我们感到紧张的情况我们会逃避，试图转移注意力或者麻痹自己，让自己远离每一种不舒服的感觉，仿佛它真的会将我们杀死一样。

- 我们的期望值太高了，这可能是因为社会总是在强调去成为我们理想中的人，这迫使我们认为那就是我们需要成为的人，为此我们要付出更多的努力。

“压力来自你身在‘此处’，心却想要到达‘彼处’。”

埃克哈特·托利（Eckhart Tolle）

你最大的压力来自什么

此时此刻，是什么给你带来了最大的压力？让我们首先去考虑那些可能会导致你出现问题的广泛生活领域，这会让你之后涉足干预措施的部分时更有针对性。

财务压力

你是否也这样认为，不管自己尝试什么方法都永远无法获得成功？你是不是月复一月地靠着信用卡过活？你是否也会玩玩彩票，或者混日子地等着家里有人去世，这样你兴许就有遗产可继承，能交上房子的首付了？

工作压力

你对自己的期望和你认为自己能够达到的目标之间是否存在着不匹配的关系？你是否在时间管理和克服拖延方面有些问题，或者你正在与不友好或自恋的同事，甚至是控制狂老板共事？工作又是否有保障呢？

健康压力

你会因为自己的饮食、睡眠不足或其他不健康的生活习惯而感到担忧吗？是否明知自己应该锻炼身体，但还是无法安排好锻炼的时间？又或是因为工作或通勤而一再妥协？

人际压力

你和周围的人有矛盾吗？你被人欺凌了吗？你身边是否围绕着一群榨干了你的善良的人？你有很多独处的时间吗？从进化的角度来看，孤独的人总是处于高度的警惕之中，因为没有人替他们放哨，这意味着他们需要去减少的应激激素（stress hormone）就变得更多。

家庭压力

你是不是并没有对家人的陪伴感到非常享受？那些身边最近的人，却不是心里最亲的人？

社交压力

你是否对保持理想的身材、形象或性格特质而感到有压力？你是否需要经常给自己社交媒体上的内容加点料，让它被点赞、被转发，以此让人觉得你很潮、很棒、令人惊讶，哪怕你只是为了让自己看上去还过得去？以前，这种困扰在你走出校门口时就打住了；但现在，它可以跟着你回家，一直纠缠你到深夜。

科技压力

你是否对自己的电子设备感到上瘾？互联网使我们可以获得许多事物的有关信息，但是也给我们造成了不必要的负担。令人备感担忧的是，人们更加沉迷于使用电子设备，身体和心理会因此缺少休息时间。

竞争压力

你是否为考试、升职、转行而担心，或是坚守着“逆水行舟，不进则退”的现代箴言？

改变人生的压力

你是否会因为健康、工作、伴侣、宠物、搬家等诸多问题而感到不堪重负？

环境压力

你是否生活在一个嘈杂的公寓里，周围没有多少自然绿化？当我们被太多人和人造的东西包围时，我们是无法得到放松的。我们对绿色、开阔的空间感到舒服，因此自然光线、植物和宠物会更容易让我们放松警惕。

未来压力

你是否也担心自己将来会无所成就，或者你所做的一切都毫无意义？

所有的这些压力，

都在改变我们的……

- 想法
- 心情和情绪
- 解决问题的能力
- 动力和精力
- 行为
- 整体的健康状况

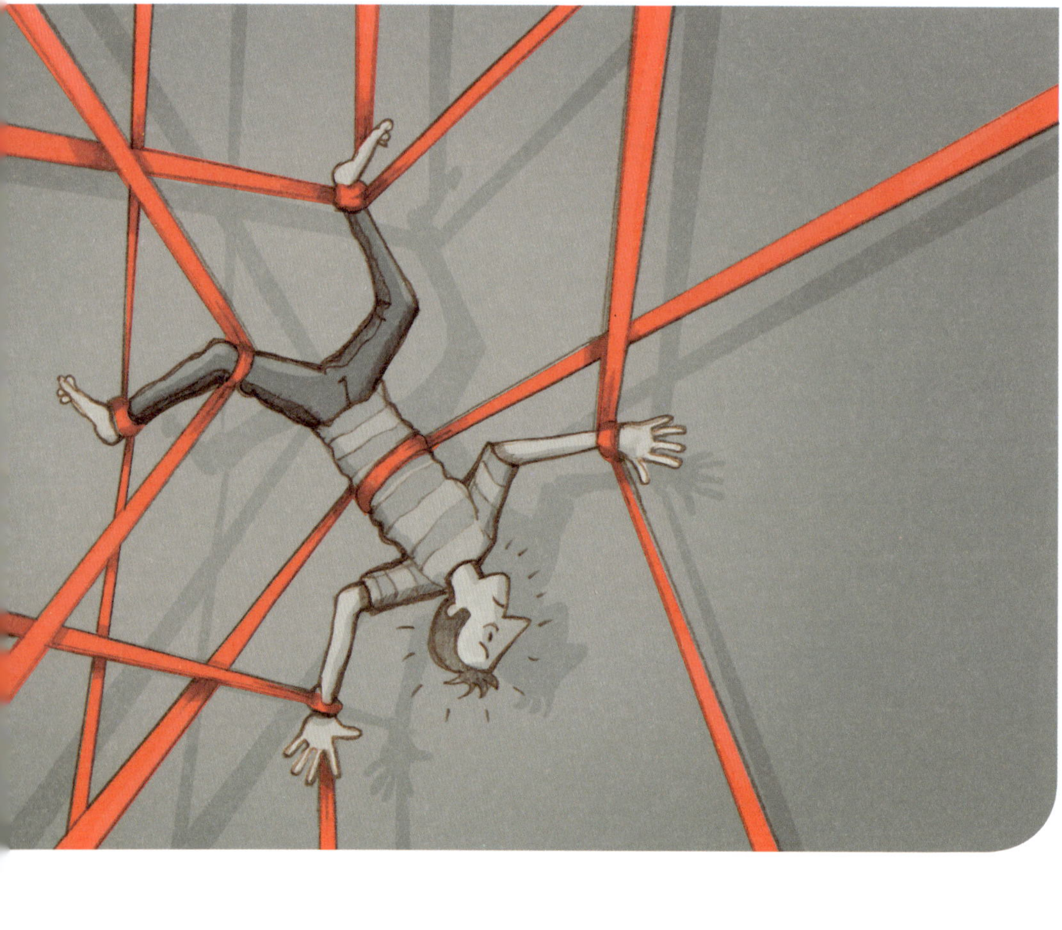

压力是造成无数心理、情绪和身体健康问题的最主要诱因。

触发压力的日常因素

我们大多数人过着的现实生活都是残酷、紧凑、超负荷的，我们很可能会把这些单独的压力诱发因素当作家常便饭！就它们本身而言，单独一个诱因可能不会导致我们精神失控或崩溃，但它们会使我们的压力增加。如果我们同时承受几种压力或经历一个重大的、意想不到的负面事件，我们所面临的风险将会很大。拿出你的笔记本，把那些容易使你产生压力的因素写下来，这样你就知道要注意些什么了。

这些因素会增加你的压力吗

- ❑ 日常困扰——汽车发生故障、长途通勤、错过约会
- ❑ 重大的生活变化——搬家、换工作
- ❑ 工作负担、就业问题、长时间工作
- ❑ 老板对你的工作不满意
- ❑ 个人人际关系中的诸多问题
- ❑ 要完成的事情太多
- ❑ 身体上的疾病——感冒，觉得疲惫
- ❑ 不健康的生活方式——缺乏锻炼、饮食不佳、睡眠不足、过度饮酒
- ❑ 没有足够的休息时间——没有假期，不能做自己喜欢的事情
- ❑ 没钱支付账单，付不起房租或房贷
- ❑ 需要排队，或是在等待某样东西、某个人
- ❑ 难相处、爱吵闹的邻居
- ❑ 孩子或儿童保育的问题
- ❑ 与对自己很重要的人发生争吵
- ❑ 收到一条很闹心的信息
- ❑ 时间紧迫，或是无法在最终期限之前完成任务
- ❑ 因为自己所做的某件事情而感到糟糕
- ❑ 你让别人感到生气或不安
- ❑ 难搞的同事或办公室斗争
- ❑ 交通堵塞
- ❑ 找不到停车位
- ❑ 迟到
- ❑ 晚上没有睡好觉
- ❑ 无休止的施工或噪声污染
- ❑ 有人对你说了恼人的话
- ❑ 你对别人说了刻薄的话

你的压力测量计

下面这条建议很重要：自我监控实际上可以帮助你减少压力，因为较强的意识可以使你更好地控制自己的压力水平。为了帮助解决这个问题，我们要向你介绍压力测量计，它就好像是一种测量你压力水平高低的温度计。

每天早上、下午和晚上，分别在你的笔记本上记录三次测量数据。根据你的感觉，填写一个从0分到10分之间的数字：10分代表严重的压力，一点鸡毛蒜皮的小事都可以引爆你内心的炸药；而0分则代表你很放松，就像睡着了一样。

在接下来的一周里，用这个方法来找到那些压力值很高、快要燃烧起来的时候。很快你就会清楚，你在什么时候会感到一切尽在自己的掌控之中，什么时候感到过度紧张以及快要崩溃。你也会开始发现，生活中的哪些事件会让你的压力值上升，哪些则会让它下降。这样做，你便会有意识地去不断增加“降温”的活动，减少“升温”的活动，使你的压力水平保持在一个可控的范围内。更好的是，你还可以提前做出计划。例如，如果你知道某一件压力大的事情即将发生，你便可以增加一些“降温”的活动来提前降低你的压力值，这就给了你一些回旋的余地。除此之外，还有一些额外的好处，那就是你知道哪怕事情没有完全按部就班地进行，你也不会因此发脾气。

很明显，我们经历压力的风险并不局限于一个或几个触发因素。很多情况下，是我们对于压力的反应把一个触发因素变成了一个过分紧张的事件。我们有责任去更好地管理这个问题。请注意“责任”这个词，在这里我们用它来表示“用适当的方式去应对的能力”[1]。

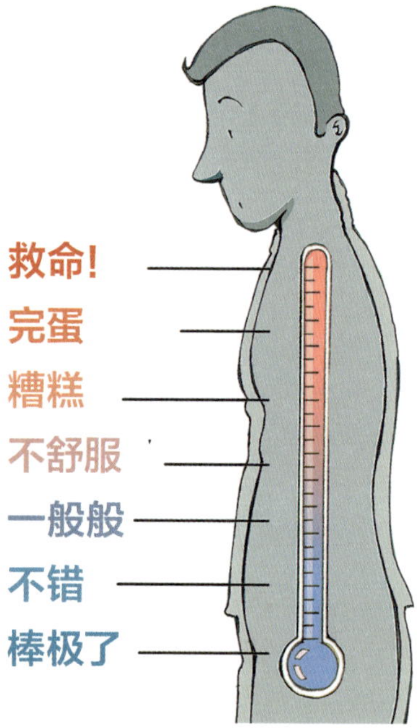

[1] 译者注：责任一词的英文是responsibility，可以分开看作respons和ibility。ibility是表示能力的后缀，response则是应答、应对的意思。作者在这里是一语双关，更是强调“应对的能力”这层含义。

我的压力测量计	星期一	星期二	星期三	星期四	星期五	星期六	星期日
早上	5	8	6				
下午	7	7	5				
晚上	3	7					

自我监控可以帮助你感觉没那么大压力！

使压力“升温”的行为与活动

虽然这其中的一些行为和活动可能会在当时给你带来安慰或让你得到缓解，但长期来看，它们可能会造成许多问题。请注意这些暂时性的办法，它们实际上会提升你的压力值。我们可以通过一些巧妙的应对方法和一些让压力“降温”的活动，来改变我们对压力的感受。

给压力“降温”的行为与活动

我们希望你能够对什么是你压力的导火索有一个清楚的认识，以及了解当压力出现的时候什么是对你有帮助的。把那些会让你焦灼和冷静的事情，分别列个清单写下来。每个人所写的内容都会不太一样。请记住，知识可以增加你的力量。

关于压力的生活启示

①游泳的启示

马修·约翰斯通

许多年前，我和我的两个朋友一起在拜伦湾（Byron Bay）过新年，然后我们突发奇想，决定在国王海滩（Kings Beach）的星空下睡一晚。我们用一根树枝和一块防水布搭了个简易的棚子。伴随着夏天温热的空气和汹涌的海浪，我们很快就睡着了。

我醒来的时候大概是早上5点左右，太阳慢慢地升起，大自然在召唤。我望向大海，那里的景色就像明信片上的一样美丽，于是我决定让其他人继续睡他们的美容觉，自己则跳进海里来个晨间裸泳。但是，当我一头扎进水里没多久，我就发现自己已深陷激流之中。

我可不是什么厉害的游泳健将，内心早已惊慌失措。我挣扎着想往岸边游，但当时的我就像是被牢牢地拴在一根柱子上，却被命令拼命奔跑。我奋力挥舞着疲惫的手臂，向熟睡的朋友们大声喊叫，但他们离我太远了，根本听不到我的声音。我变得筋疲力尽，还呛了好几口水，此时，一个想法开始出现在我的脑海中——“我就这么玩完了！……而且我还光着屁股呢！”

当我游上岸的最后一次努力以失败告终后，我惶恐不安的大脑里突然浮现出一段遥远的记忆，伴随着一个平静的声音：“如果你遇到了激流，不要逆流而行，而是让自己随波逐流。”于是我翻了个身仰面躺在海上，凝视着清晨的天空，使自己的呼吸慢慢平静下来，让自己随着海浪漂荡。

我漂了相当长的一段时间，然后海浪冲向了海滩的南端。终于，我成功“跳出”了激流的包围，游回了岸边。我像一摊烂泥一样在沙滩上躺了很久，筋疲力尽，感觉身体被掏空，仔细回想刚才发生的事情。从那以后我认识到，处理一件很有压力的事情和身陷汹涌激流似乎没有什么不同。

和激流一样，压力会带走你的能量、清晰的思路、创造力和理智的头脑。它会使你丧失解决问题的能力，甚至会真正地威胁到你的健康和幸福。

我们必须把“接受”带入这个方程中：“我知道我的压力真的很大，我承认我现在的状态真的很不好。我需要去做一些别的事情来放松我的心情、释放我的压力。”

这种接受的态度和有意识的改变就使得压力失去了力量，把我们带回平静的水域中。

故事的道理

你越是抗拒的事情，
就越会缠着你不放。

应付不来

2 大脑，再见

关于我们大脑和意识的骗局、陷阱与真相

在这一章节，我们会告诉你：

- 大脑的生理结构是如何影响其运转以及你的行为的
- 如何让你的大脑平静下来，使你的压力计降温
- 如何管理那些让你感到困扰、紧张和痛苦的顽固思想

不要相信我们的大脑

在“大脑，再见”这一章中，我们将带你了解大脑的生物学原理，它对于压力的反应和处理方式，以及由此产生的行为。这将使我们更容易理解为什么我们会经常受到驱使而做出一些增加我们压力的举动。然后，我们还会介绍一些“降温”的正念方法，使我们的压力值降低。

在“大脑，再见”这部分的内容中，我在探讨大脑的时候是将它单独来看的，把它当成是与我们真实的自我、灵魂、意识、智慧，或者任何你用来描述你内在本质的词完全分离的。我还会向你展示，大脑并不是你想象中的那样值得信赖的朋友。为什么我们的大脑明明知道压力对我们有害，还会让我们如此紧张？为了更好地理解其中的原因，我们首先需要考虑大脑的功能。

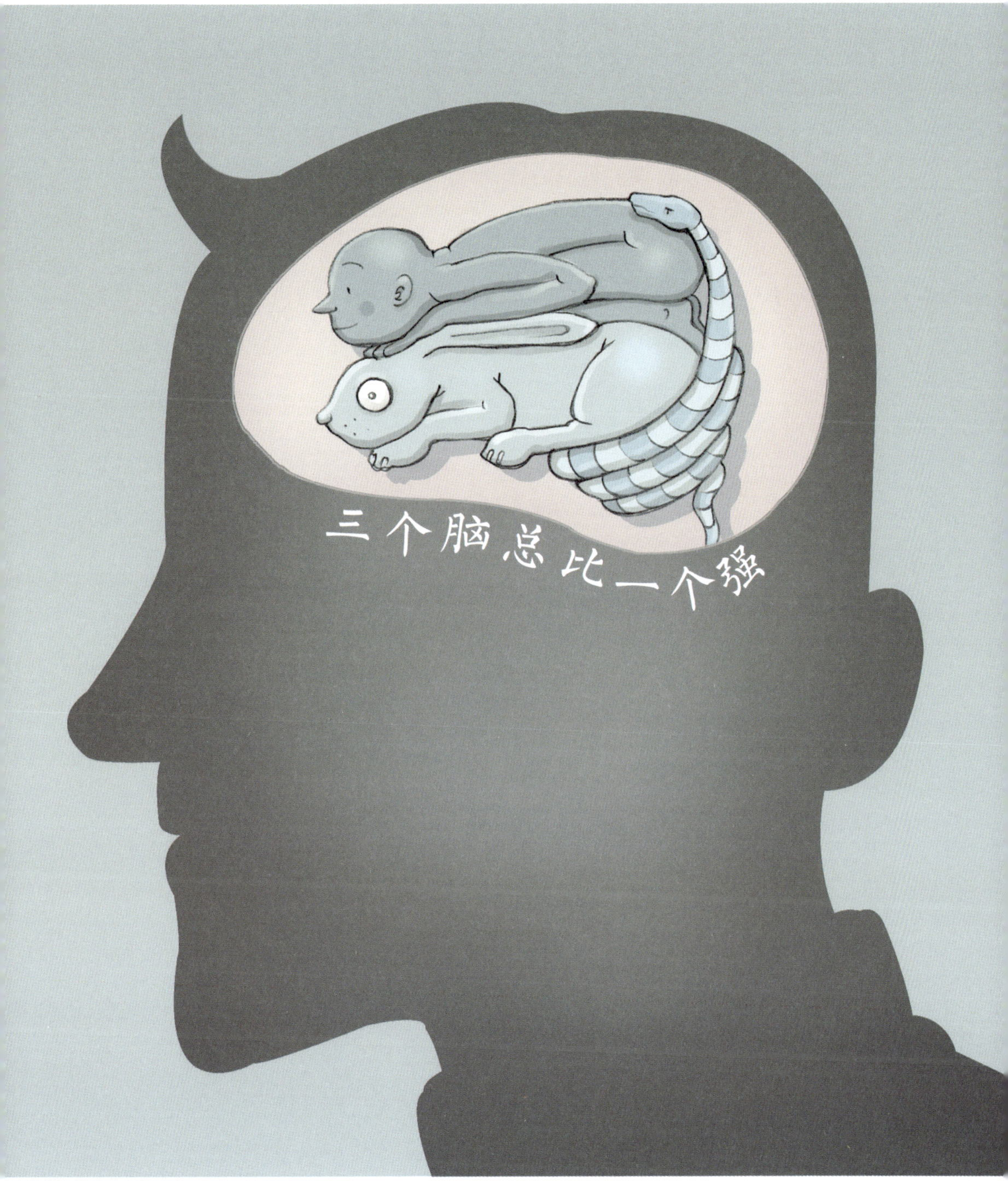
三个脑总比一个强

毋庸置疑，大脑让我们得以生存

在史前时代，人类没有剑齿虎那样凶猛，没有猎豹那样敏捷，也没有河马那样强壮，所以人类必须保持警惕，比敌人更加深谋远虑，否则就可能变成它们的盘中餐。心理学家路斯·哈里斯博士（Dr. Russ Harris）将大脑描述为一台“不让自己送命的机器（don't-get-killed machine）”，而这正是它的首要功能。因为大脑在这个方面做得非常成功（你看，我们这不是还活着），所以我们在生活中也赋予了它越来越多的责任。很快，大脑就像一个只有香瓜大小的独裁者一样，开始无事生非、制造问题：当我们不得不在同事们面前讲话时，它让我们感到害怕；当有老板经过我们的办公桌时，它让我们冒出一身冷汗。

当我们的大脑说一些类似“不要去那里”和“不要那样做”的话时，我们似乎更倾向于听从它的意见，也正因为如此，大脑越是让我们感到害怕，它就越有力量。而我们越是害怕，感受到的压力也就越大。很快，我们就变成了只会依靠大脑而不会利用我们与生俱来的洞察力的生物，生活中的一切也都变成了只是为了生存。

既然我们知道持续的压力和害怕对我们有百害而无一利，那么，我们为什么不拿走大脑的力量呢？事实上，大脑是一个非常有魅力、非常具有煽动性的独裁者：它可以说服我们做任何事情，并且会尽其所能地去阻止改变的发生。你可以想象那个小小的独裁者坐在会议桌前，他说：“你看看，都是因为由我说了算，所以我们现在还活着。既然如此，我们什么都不会改变的！”

很多时候你的大脑不愿意去改变，但可以这么说，你有充分的理由去抛掉或屏蔽你的大脑。这本书可以教会你最重要的一课，那就是去认清你的大脑和思想，明白它是如何让你陷入困境和痛苦的。

人类的脑

我们的脑是自下而上构建起来的，我们与动物中的近亲们在这方面有很多相似之处。在最底层，位于我们脑干中脊髓进入头骨的部位上方，是我们的“爬行动物脑”（reptilian brain）。它从我们一出生就开始发挥作用,负责婴儿能做的各种事情:它能感知饥饿、疼痛和温度，并把这些感觉相互关联起来。它还控制我们的哭泣、吃饭、睡觉、撒尿、拉屎——一切需要自动发生的、维持我们生命的基本功能。脑干和下丘脑负责协调我们的心脏和肺,所以自生命开始的时候，我们就可以通过它们来维持内部的稳定，也就是所谓的稳态（homeostasis）。

再往上一层是我们的哺乳动物脑（mammalian brain，也被称为边缘系统），它是我们学习和情感的中心。它的作用包括监测我们周围环境中的危险，判

> “身体的主要功能就是带着大脑去旅行。”
>
> 托马斯·A. 爱迪生（Thomas A. Edison）

断什么使我们高兴或害怕，同时还决定什么比较重要、什么可以忽略。脑的这个部分是由我们的经历和行为所塑造的。这种从经验中学习和改变的能力被称为神经可塑性（neuroplasticity），它在我们人生的前 6 年里尤为重要，处在这个阶段的我们会接收到很多新的信息，并建立起大部分的脑连接或通路。这段时间可能出现的一个负面影响是，如果一个特定的通路被反复地激活，比如在遇到困难的时候放弃和罢工（即表现出无助），这可能就会成为我们的默认应对方式，并会持续给我们带来麻烦。

以上这两个脑组成了我们所说的情绪脑（emotional brain），这是中枢神经系统的关键特征，它控制着我们的大部分感觉，以及我们在面对外界环境时如何发挥功能、做出反应。情绪脑对我们的安全负有主要责任，努力确保我们能活到生育年龄并将我们的基因传递下去。它甚至会在我们身边出现一个潜在伴侣的时候，给我们放出一个化学信号——面对那个人，一种强烈的尴尬突然来袭——那种感觉你懂的。

处在最上层的是理性脑（rational brain，也就是大脑新皮质 neocortex）。其他哺乳动物也有新皮质，但人类的新皮质要发达得多。我们的理性脑比我们的情绪脑更为复杂。与情绪脑自动发生、预先设定好的肌肉和生理反应不同，新皮质是掌控我们非凡执行能力的中心。正因此我们才会与众不同，它让我们能够先思考后行动，而不只是机械地做出反应、检查情绪、辩解、想象、计划、预测和反思。

这里我用一个例子可能可以帮助你理解：假设你正处在市中心，听到一声类似枪声的巨响。你的情绪脑会首先做出反应，让你感到惊慌并引发一连串的恐惧。不久之后，你的理性脑就会启动，开始处理证据——市中心，大白天，不在危险区域，周围没有明显的武装人员——然后做出判断，很可能是汽车回火了。这会让一切重新恢复冷静。因此，这两个脑都是必不可少的。

情绪与感觉

我们很多人都会把“情绪（emotions）”和“感觉（feelings）”这两个词交替使用，虽然它们高度相关，但实际上却截然不同。

情绪可以被认为是运动中的能量，它们是本能的、身体上的，并且先于我们的感觉。它们是一些生理上的信号，比如手掌出汗或者心跳加速，这意味着我们可以通过测量血液的流动、大脑的活动、皮肤的电传导甚至是肢体语言来客观地进行评估。

感觉则产生于情绪之后——它是对我们身上正在发生的事情的心理解读。感觉是我们的大脑注意到一种情绪并赋予它意义的结果。它们依赖于思想的输入，但这通常是潜意识的，正因为如此，感觉很难被准确地测量。

回到我们那个“市中心出现一声巨响”的例子，我们害怕的情绪来自我们的情绪脑，而恐惧的感觉则来自我们的理性脑。

虽然我们每天、每时、每刻都有情绪产生，但我们的大脑太忙碌了，以至于我们无法意识到它们的存在。也就是说，我们总是自己情绪生活的受害者，是情绪让我们有压力！如果我们想对生活做出真正的改变，那就必须明白情绪最终会对我们的健康、幸福、自信、成功、失败、动力和生活选择产生很大的影响。如果你不明白自己的情绪是怎么回事，你就很难真正地展翅高飞。

有益和有害的脑化学物质

想要解开这个谜题，下一步则是去弄清楚连接我们所有脑结构的化学信号，它们带动我们的情绪并驱使我们去寻找其意义所在。下面这个事实真相可能会令你大吃一惊：有一些极少出现的（也是极其短暂的）瞬间，你会对自己或对生活中的某件事情感觉非常好。然而，这其实并不是你或者其他人做了什么事情而直接造成的，这仅仅是因为你的脑正在释放有益的化学物质——多巴胺、血清素、催产素或内啡肽。我们欺骗自己，认为我们是真的在乎所做的事情或者生活中的某些人，但其实我们真正在乎的，只是去获得更多这样的化学物质而已。对此你可能会感到震惊和愤怒，但是，请坚持跟我一起读下去。

有害的化学物质

在我们讨论那些有益的化学物质之前，我们需要了解我们的应激激素——肾上腺素（adrenaline，也被称为 epinephrine）和臭名昭著的皮质醇（cortisol）。

这两种激素并非一直是不好的。事实上，它们是我们压力信号系统的关键部分，在我们受到威胁时产生闪电般迅速的反应。在脑中一个叫作杏仁核的部分（我们的“烟雾探测器”）的指导下，这两种物质可以让我们做好与对手战斗或是逃离危险的准备。所以，虽然它们在大量释放的时候是有害的，但它们的确可以救我们的命。

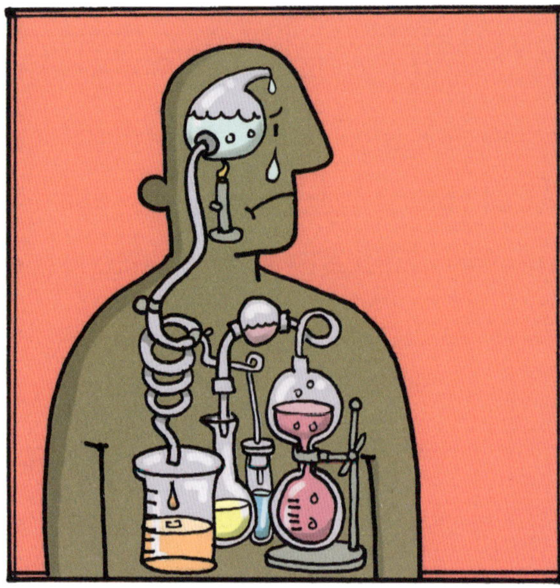

肾上腺素

肾上腺素在战斗或逃跑反应中起磨炼我们对威胁的专注力的作用，同时提高我们的心率和血流量，使我们能够处理危险、拯救他人或者减轻感觉上的痛苦，这样，即使我们受了伤也能够坚持下来，逃脱险境。有些人非常享受这种感觉，因此他们会做一些类似跳伞、蹦极、坐过山车这样的事情。但是，过多的肾上腺素是非常有害的，它会造成心脏损伤、失眠以及那种不舒服、紧张、神经过敏的感觉，这会让我们更有压力。

皮质醇

皮质醇也是我们所需要的，但只是在正确的时间并出于正当的理由。皮质醇让我们每天早上可以醒来，帮助我们调节血压、新陈代谢和血糖水平。它还有助于身体康复甚至是形成记忆，告诉我们那些真正重要的血的教训，比如，滚烫的炉子千万不能碰。

当我们发现生命受到威胁的时候，皮质醇就会被释放，并通过制造出一些不好的感觉，让我们把注意力全部集中在出现的威胁上。但是，当我们失望的时候也会产生皮质醇，给我们造成自己处于危险之中的错觉。哪怕是一段旧的记忆也可能会触发皮质醇的释放，比如你的前任是如何把你甩了的。除非是真正出现身体上的危险，否则我们因理性脑对他人、对世界——主要是对自己，产生一系列熟悉的负面想法和感受而促使皮质醇水平不断地上升，将是一件值得注意的事情。

当今，我们许多人的皮质醇一直处于很高的水平，这对我们的健康很不利。如果你的皮质醇水平过高，你可能会感到烦躁不安，并且会经历大的情绪波动、体重增加、大脑迷糊、食欲强烈、精神紧张和过度疲劳等。不过，一旦你意识到自己的感觉不对，你便可以通过去关注积极的事物来停止这个恶性循环。分散注意力就是一种很好的方式，它可以打断理性脑对非致命危险的疯狂搜索，让身体平静下来。

请记住，皮质醇的作用只会持续20分钟，所以请尽可能地保持冷静。但是，这依旧会是一个挑战，尤其是当你的大脑正在高喊：

有利的化学物质

我们体内有利的化学物质会以短暂爆发的形式释放出来，通常只会持续几分钟，过后你会有一种被榨干的感觉。但大自然有自己的安排：想要得到更多好的化学物质，你就必须付出更多努力。加州州立大学的洛蕾塔·格拉齐亚诺·布鲁宁博士（Dr.Loretta Graziano Breuning）就写了很多关于拥有哪些条件才能产生一个笑容的内容。

多巴胺

当我们快要得到某种奖励的时候，多巴胺会给我们一种很棒的感觉。即便只是朝着预期的奖励前进，也会触发少量的多巴胺释放。如果能一直沐浴在多巴胺的愉悦中那当然很好，但之后我们就不会再想去做任何事情了。我们能存活到今天靠的是不断的努力，否则我们将无法达到进化的目的，也无法找到最好的潜在伴侣来传递我们的基因。当我们处在一条正确的轨道上，需要加速前进以得到奖励的时候，多巴胺会告诉我们的。

当多巴胺激增结束时，我们可能会感觉有问题或是少了点什么，但是我们的大脑本来就是被设计成这个样子的，它需要恢复到一个中性的状态，等待下一次机会来满足生存的需求。哪怕你完成了最伟大的事情，多巴胺也会很快消失，你需要去寻找另一个巨大的挑战从而再次获得成功。

不要因为较低的多巴胺水平而变得沮丧和失望。你可以按照洛蕾塔·格拉齐亚诺·布鲁宁博士提出的这些建议去做，以使多巴胺增加：

1. 享受搜寻的过程

你的大脑渴望去搜寻，渴望新奇的事物，所以当我们把搜寻的过程和目标联系起来时，我们便处于有益的多巴胺的领区。寻找新的事物去学一学、做一做、看一看，你会从新奇的事物中获得快感。

2. 找寻短期奖励和长期奖励

把你的时间规划分成短期和长期的目标，这样可以使多巴胺保持流动性。你只要朝着目标迈进一步就会累积一定的多巴胺，所以你可能不需要完成整件事情就能得到快感。

3. 保持既简单又困难

如果一个目标太难实现，那么它不会让你分泌多巴胺，因为你不期待会得到奖励。但是如果一个目标太容易实现也不行，因为你不会从中获得新的知识。

血清素

在丛林中，生活在食物链顶端的动物能获得更多的尊重，并能更多地进行交配来传递它们的基因。因此，我们的大脑是渴求尊重的，而尊重的回报就是血清素。这解释了为什么那么多人通过各种糟糕的方式（想想电视真人秀）寻求社会的认可，以及为什么那么多有名或有钱的人自身相貌平平，但身边的伴侣都貌美如花。

血清素是脑发出的、表明我们一切正常的信号，它能让我们产生一种平静的感觉，让我们感到自己的需求可以被满足。然而血清素在几分钟内就被代谢掉了，所以我们的脑总是在寻找获取更多血清素的新方法。这就意味着我们会把自己所拥有的东西看作是理所当然的，并且开始注意别人所拥有的一切。随着我们的哺乳动物脑对血清素的搜寻，那些“我不够好”或“我拥有的还不够”的想法就会随之产生。作为回应，脑会释放出皮质醇，制造一种害怕、恐慌和紧迫的感觉。它会告诉我们的理性脑需要开始寻找身边的威胁了，于是，消极思想的循环就这样开始了。很快你就会发现你的生活出了问题：你太胖/太老/太穷/太笨了。小小的失望便会导致你去怀疑未来、怀疑世界、怀疑自己……接下来，抑郁症就产生了！

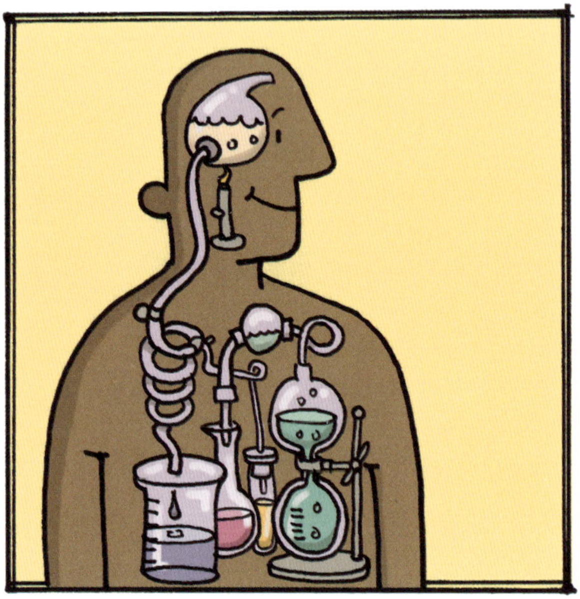

当你有这种感觉的时候，请停下来想一想，这不过是我们从早期哺乳动物那里继承的化学反应。试着去享受你已经拥有的东西。关于如何做到这一点的小建议，请参阅“害怕，再见”这个章节。

催产素

催产素又被称为“爱的化学物质”，它通过触摸和信任产生。当我们感到安全、得到一个人或一群人的支持和保护时，它就会分泌、流动。回到丛林中，如果没有社会的支持，生存就会变得非常困难。所以，自然选择创造了这样一个大脑，当我们建立起各种社会联系时，它会以一种良好而又模糊的感觉来奖励我们。

当我们与信任的人进行接触或互动时，我们会产生一股催产素；而当我们的信任遭到背叛时，我们会产生皮质醇。这个信号对于生存目的非常有效，它告诉我们可能从哪里获得社会的支持，以及我们对安全——这个核心需求的期望是否得到了满足。

催产素并不是一直都有的，但通过这些策略，你可以更好地去享受它：

- 对于新朋友，可以去信任但也要保持谨慎，循序渐进地建立信任关系。
- 享受按摩的乐趣吧。
- 学会去识别那些你真正感到安全的时刻。其他不安的感觉只是大自然中与生存有关的化学物质在作祟。随它去吧……一切都会过去的。

内啡肽

内啡肽会使我们对疼痛的感知变得迟钝，引发一种类似于使用止痛药吗啡的快感。它的进化目的是给受伤的动物一个逃脱捕食者的机会，帮助它们生存下来。这种缓解作用大约只会持续20分钟，然后疼痛就会卷土重来并且变本加厉，使你把注意力重新集中在那些残缺和伤痛上，促使你去修复它们，然后去做爱、去传递你的基因……你明白了吗？

虽然运动是增加内啡肽的主要方式之一，但运动过量到疼痛，并达到“跑步者亢奋（runner's high）”的程度，那就太过头了。特别是因为，你只需要通过冥想就能获得类似的情绪提升——这一点我们很快就会讲到。

我们所生活的现代社会，使我们想要通过寻求内啡肽来消除疼痛。但我们需要认识到，生活中总会有起起伏伏，不能试图用短暂的快乐来逃避现实。

你可以通过以下方式来提高内啡肽水平：

- 开怀大笑
- 与他人交流
- 亲近大自然
- 锻炼——但不要过度

不去追寻幸福

现代社会“幸福至上”的理念要求我们要一直保持幸福，但是，我们体内的有利化学物质的作用只能维持很短的时间，不断去搜寻这些化学物质是非常疲惫和不可持续的。只有接受了我们的进化生理学原理，我们才会变得更加满足、产生更少的有害激素，这也意味着更小的压力！

我们无法控制
生活中发生的
事情……

……但是我们
可以去锻炼应对
事情的能力

我们面对压力的方式

尽管我们拥有一样的生理特征，但我们每个人面对压力的方式都不尽相同，这要归功于我们独一无二的先天遗传基因和后天学习经验。

动物实验清楚地表明，饱受压力的母亲所生育的后代，其大脑会发生永久性的功能失调，这类孩子更容易感受到压力。了解父母的行为对孩子感受压力、应对压力的影响是非常重要的。孩子们的所作所为取决于你所做的，而不是你所说的。此外，由于神经可塑性的存在，我们的生活是由我们在性格形成时期所学的东西所塑造的。作为一位临床医生，在治疗有焦虑问题的孩子之前，我通常需要先治疗他们有焦虑问题的父母。

年轻人也继承了一个压力更大的世界。这些来自同龄人、社交媒体、学校、考试、自尊、家庭问题，以及如何在竞争激烈、瞬息万变的市场中找到工作的压力，可以说和我们那个时代相比变得更加沉重。激素的变化和角色的切换也会导致很多额外的负担、压力、焦虑甚至是抑郁。没错，单单“成长的压力”这一项，就是造成孩子心理健康问题的一个巨大因素。根据世界卫生组织的报告，精神疾病在全球10—24岁人群中占疾病负担的一半左右。我们需要知道自己做了什么、孩子们接触了什么，这样我们才能改善他们的健康状况，改进他们处理压力的方式。

我们的应激反应模型

拉扎勒斯（Lazarus）和福克曼（Folkman）的认知交互作用应激模型（transactional model of stress）将我们的压力与我们和外界的互动联系起来。在这个模型中，我们对任何压力源的反应包括：

- 对压力源严重程度的评估。
- 对我们处理压力好坏程度的判断。

我很喜欢这个模型，因为它考虑到了这样一个事实，即我们看待同一种威胁的方式可能不尽相同。正是我们的认知使它成为一个挫折、一个挑战抑或一个机会。这个模型还可以解释压力导致的其他疾病。例如，患有焦虑症的人（也就是所承受的压力达到了临床水平的人）对世界的看法是扭曲的。他们越是预想会发生负面的事情，或者他们越是认为自己无法应对负面的情况，他们的症状就越严重。一旦有人帮他们建立起应对的能力和技巧，或是帮他们改变了对危险的认知，或是两者兼有，他们就会有所进步。

关于压力的生活启示

②狗的启示

马修·约翰斯通

我在美国旅行的时候，被邀请去墨西哥的下加利福尼亚半岛进行了一趟冲浪之旅。下加利福尼亚半岛位于蒂华纳的南边，从地图上看，那个地方就像是一根细长的手指一样。那里干燥荒凉，植被稀少，但是有美味的龙虾和美丽的海浪。只可惜，我并不会冲浪。

一天下午，我沿着一条崎岖的海岸线徒步。大约过了 1 个小时，我来到了一座小房子旁，它坐落在悬崖边上，俯瞰着大海。为了能走过去，我不得不穿过房子的后院。因为不想擅自进入私人领地，我便友好地用西班牙语喊了一声“Hola（你好）”，然而我得到的回应却是一阵疯狂的狗吠和扑腾的狗爪子抓东西的声音。突然，两只小贵宾犬和一只巨大的斗牛犬向我飞奔而来。然后，那两只贵宾犬向后退了几步并对我汪汪叫起来：“我们的伙伴可绝对不会放过你！”

那只斗牛犬耷拉着耳朵，龇牙咧嘴发出低沉的吼声。我从小是和狗狗一起长大的，所以我很清楚，这是它们害怕时的反应。于是，随着它继续在我身边打转，我深吸了一口气，用最平静、最能给人鼓励的声音说：“乖宝宝，乖宝宝（Buen muchacho, Buen muchacho）！”狗狗很明显是对我的语气有所反应，而不是对特定的词语——幸好如此，因为我的西班牙语说得很烂。狗狗并没有帮我做“脚部截肢”，相反，它凑过来闻了闻，抬起它的腿对着我的球鞋尿了超大一泡尿。说实话，我觉得这样已经是很好的结果了，所以我又说了一次：“乖宝宝！”然后，它昂着它的大脑袋，和其他小伙伴们一起溜达走了。

在那之后我就没有了徒步的兴致，于是就吭哧吭哧地走回了营地。

故事的道理

当你处于压力之下，哪怕只是对自己的反应掌控了一丁点儿，你也可能使结果发生改变。

卡尔的故事
压力之下，我们会干出怎样的事

我们的生理机能和应对方式都会对我们的压力体验造成影响。我曾经有一位客户卡尔，他应对压力的方式几乎毁了他的生活（这是他的原话）。他放任压力，对其置之不理，这让他的经历变得像一个恐怖故事。

卡尔35岁那年已经是一家大型上市公司的知名高管了，他所负责的业务年销售额超过2.5亿美元。我认识他的时候他已经搬出自己的家，离开了那座他与两个年幼的孩子和共患难的妻子一起生活了14年的房子。他拎着一个手提箱住在了堂兄家的前屋里，那里只容得下一张单人床和一个既是床头柜、梳妆台又是储物桌的凳子，用来摆放他离开家时带的所有东西。

卡尔是一个令人钦佩的人——有魅力、很体贴、感染力很强。他擅长与人打交道，生来就是干销售的能手，也总能激励他人。通过持续出色的销售业绩，他晋升为公司在全国范围内的销售主管。然而，就在我们见面之前，卡尔已经失去了自己出色的判断力。他让生活中的一些压力事件不断累积和增加，却没有很好地管理它们。相反，他开始在生活中偷工减料，更多地待在办公室，更少地待在家里，开始回避家人，因为在他们身边时，卡尔会觉得自己辜负了他们。

在聊天中他提到了一种持续的公司内部压力——要求看上去很勤奋、很成功，这也意味着他不能再给自己留私人时间。他放弃去健身房，晚上不再和妻子、孩子们一起散步，也退出了篮球队。他的饮食可以这样形容：不规律、很“方便”、无营养。他开始酗酒，以应付工作中应酬客户时的“娱乐”需要。他感觉自己受到了妻子的误解和疏远，并且和一位同事开始了一段婚外情，其中没有别的原因，只是因为“我们在一起的时间很长，而且她似乎很理解我”。他还告诉我，他感受到强烈的羞耻，以至于每天晚上不得不用更多的药物和酒精来麻痹自己。

对卡尔来说，他的日子过得艰难、漫长、周而复始。每天电话从早上 7 点开始响，直到晚上八九点才会停下来。他把自己的生活描述为“不断地去赶场”或是“拖着身躯但没有前进的意念”。尽管他仍然被看作是办公室里最成功的人，但他觉得自己比以往任何时候都要痛苦。星期天是他唯一的休息日，这天他会和孩子们待在一起，偶尔带他们出去玩，但这对所有人来说既没有意思也没有收获。对他全家而言，那是一段相当艰难的日子。

有一天，卡尔又收到了一张超速罚单，但这一次他还得到通知，因为已经累积了太多扣分，他的驾照将被吊销3个月。这是一个彻彻底底的灾难，他需要有驾照才能去见他在全国各地的高级销售人员。这下他的压力更大了，于是卡尔想出了这样一个方案：让他的一位同事签署一份法定声明，声明超速开车的是他的这位同事，而不是卡尔。

我们都知道，一旦我们开始撒谎，事情就会变得更糟。卡尔的错误决策使他陷入了更多的麻烦。他与公司的律师讨论了这个做法，他本来是打算请公司的律师帮助他挽救驾照的，但卡尔不知道的是，这位律师被公司解雇了，他利用卡尔的这件事情向公司要求了更多的裁员补贴。随后，卡尔收到了董事会下的通牒：如果他不坦白交代并把事情处理好，他就会被解雇。

接下来的几个星期，卡尔仿佛生活在地狱中。几乎可以肯定的是，那个他为之努力奋斗的世界正在崩塌。他不得不向警方和公司董事会承认，他与一位同事合谋欺骗了他们。两人因此都陷入了深深的困境，信誉扫地。由于他糟糕的应对机制和在压力下做出的错误决定，他从曾经以牺牲健康、家庭和自尊为代价换来的高度上迅速跌落，但这似乎是一个必然的结果。

正如你从卡尔的故事中所看到的，当我们承受巨大压力时，很容易把重要的人推开，做出只能算权宜之计的决定。结果，一个小问题也会很快变成大问题。这是由于我们的脑在设计上存在一个重大缺陷——由于应激反应，我们脑的理性决策部分的通道受到了损害。

我们如何处理压力

正如我们所看到的，处理压力的方式会影响我们的决策过程，并可能加重我们的压力。让我们看看压力应对方式的相关研究，看看你是在减轻还是加重自己的压力。

处理方式

研究人员发现了两种截然不同的压力处理方式：积极的处理方式和消极的处理方式。我们会在这两种方式之间切换，但默认方式通常是其中的一种。

应对方法及原因

当我们感到压力时，我们会很自然地想去逃避直到问题消失。但如果我们采取这种消极的处理方式，

消极处理

在这种处理方式下，人们倾向于什么都不做，只是等待并希望情况会自行好转或自行消失。这包括回避问题、隐藏问题或者假装压力没什么大不了。它还包括一些逃避性行为，比如转向酒精或药物、安慰性进食或更多的睡眠。

积极处理

在这种处理方式下，人们积极采取措施来解决自己的问题，或是主动去寻求他人的帮助或支持。这与消极的处理方式完全相反。虽然刚开始的时候积极处理可能有点令人却步，但它会让你感到更有控制力，更有信心做出正确的选择，使情况得到缓解，从而减轻压力。

情况通常会变得更加糟糕。终极需求持续出现，财务压力持续累积，不好的关系将会恶化，我们的担忧也会成倍增加。

虽然不管是男性还是女性，大家通常都倾向于去逃避压力，但他们选择逃避的方式大不相同，比如男人大多喜欢看体育比赛，而女人则会选择购物或和闺蜜们喝喝咖啡、品品酒。压力大的男性，尤其是那些已经陷入低落情绪当中难以自拔的，会尝试麻痹自己或者做出危险举动，比如他们可能会酗酒、吸烟、赌博、挑逗异性或打架斗殴。虽然我们知道男性和女性都会抽烟喝酒，但女性在面对压力时更倾向于选择暴饮暴食。

上述缓解痛苦的方法乍一看似乎很有效，但是当你把负面情绪与这些应对方式联系起来的时候，你会在脑里建立起危险的应对通路，一旦这些方法的功效消耗殆尽，你将会陷入更大的压力之中，比如从血压升高、焦虑增加、失眠、没有时间锻炼身体，到人际关系或财务方面出现更多的负担等。

其他常见的逃避性行为包括分散注意力（看电影、上网、刷社交媒体、听音乐）和自我孤立。虽然躲在被窝里刚开始看起来是个好主意，但它只会让我们感到更疲惫。这种愈演愈烈的昏昏欲睡使人很难集中注意力，因此我们也就更不太可能去很好地处理压力源。通过自我孤立，我们失去了家人和朋友的安慰与支持，也忽略了对存在压力的生活环境的本质理解——生活中还有很多别的东西，不是所有的事情都取决于这一时刻、这一情形。

积极地处理压力源	
压力源	积极的处理方式
需要完成的任务太多	学会拒绝和委派任务。列一个清单，然后一项一项地去完成
休息时间不足	每天都安排一些休息的时间（从今天起，每天保证自己能充分享受午餐的休息时间）
没有休假的安排	计划一次休假或是一趟周末的短途旅行，按部就班地进行各种预定活动
没有时间锻炼身体	每天都进行一些运动，哪怕刚开始的时候只做 10 分钟。你可以选择一些自己很喜欢但又不太烧钱的运动

思维给了我们更大的压力

即使我们在大多数情况下能够使用较为积极的方式去处理压力，我们仍然会成为感知的受害者，这可能会造成一些本不该存在的问题。研究表明，我们的大脑会犯很多“思维错误”，这意味着很多造成我们压力的事件其实都是“感知上的”，并不是真实存在的。

关键是要认识到，使我们产生情绪、触发应激反应的是我们的思维方式，而不是我们的处境。一旦我们不再相信自己的想法，情绪便会消退，我们就可以再次接通大脑中解决问题的结构部分，然后，问题就迎刃而解了。

想要实现像警惕的门卫一样看守我们的思想是十分艰难的，因为根据思想深刻的狄巴克·乔布拉（Deepak Chopra）的说法，我们每天可以产生多达8万个想法！据估计，我们绝大多数的想法都是消极重复的。也就是说，不仅我们的想法是不好的，而且对这些不会发生的或不会伤害我们的事情的担忧还和昨天的一样。我希望你能明白我的意思：我们需要明智地去看待思维吸引我们去关注它的方式。

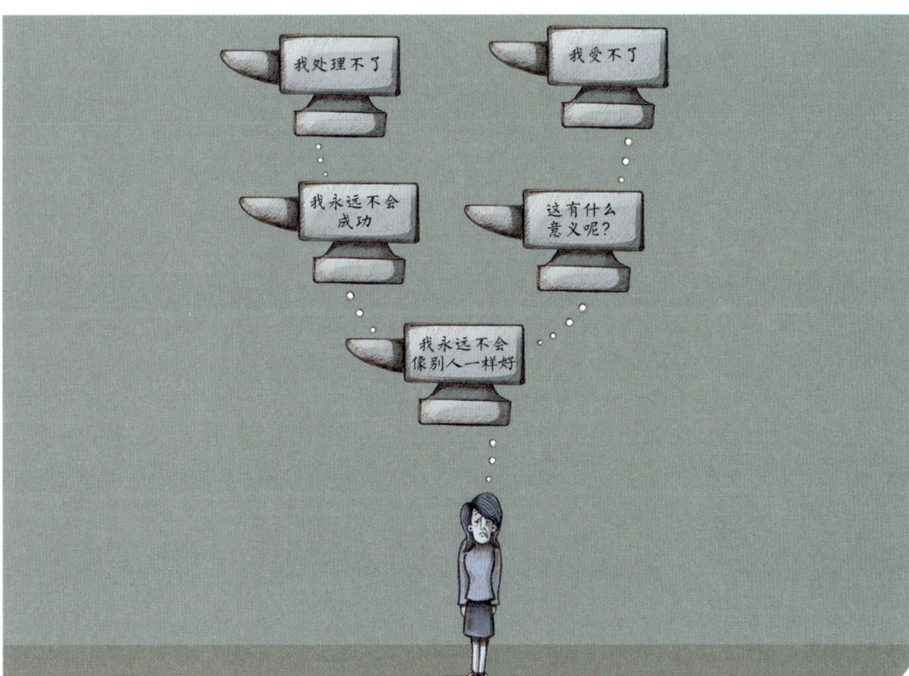

如何打断你错误的思维

错误思维

以下是我们大脑每天、每时、每分都会产生的错误思维。今天，你中了几条呢？

灾难化 把事情夸大得不成比例。有没有人告诉过你，“你想得太远了”或者“你在小题大做”？通过灾难化，你可能会制造出各种最坏的情况或潜在的灾难，这些或许只是来自一个相对较小的负面事件而已。

非黑即白 要么全有、要么全无的思维。这种想法只考虑了极端的情况，而没有考虑灰色地带或介于两者之间的可能性。在这种思维中，你倾向于把自己、别人和所有的事情都看成若非全错即为全对、不是全好就是全坏。

对号入座 “这都是我的错”的想法。这是把所有的可能性或者出问题的方面完全归咎于自己，即使你只应承担部分责任或没有任何责任。

轻易下结论 猜测想法、预测命运。在这种思维里，你会习惯性地假设一些事情是消极的，即便没有实际证据来支持它。例如，你会假设自己知道别人在想什么（例如，“在她的眼里，我就是个失败者”）或者他们有怎样的意图。即使没有太多的证据，你可能仍会认为自己能够预测未来，一切将向着不好的方向发展（例如，“我肯定会被炒鱿鱼的”）。

过滤性思维 看不到大局。你会只盯着事情的消极方面，忘记、忽视或否认任何积极的方面。这正是隧道视野效应（tunnel vision）的一个很清楚的例子——只关注了一个很小的消极方面，而不是事情的全部。

应该和必须 你对自己或他人提出不合理的要求或对其施加压力。你会用类似“我应该”或“我必须”这样的字眼，对自己和他人抱有严格而不切实际的期望。

贴标签 你通常只基于一些片面的事情，就给自己或他人加上贬损的称呼。其中最常见的有：“我是个白痴（伪君子、骗子），不好的伴侣（儿子、女儿）……”

以偏概全 这种思维中，你认为过去或现在的一个例子在其他的情况中普遍存在。你说话时可能会以这样的句式开头：“我从不……”“每个人总是……”“你一直……”。这些一概而论的说法是不正确的。

感情用事 用带有情绪的眼光去看待世界。你会把控制权交给你的感觉，让它们主宰你看待问题，甚至是看待自己的方式。当你冷静、保持镇定的时候，这样做是可以的；但是当你感到压力或情绪低落的时候，这便是一个大问题。这时，你会根据自己的感觉去进行“推理”，而不去看看事实真相：“我感觉自己是个失败者，那么我一定是个失败者。”

夸大及贬低 这种思维会让你夸大别人的能力，却贬低了自己的成就和品质，说它们只是偶然发生或者自己只是运气很好。你会放大事情消极的一面，低估或忽视事情积极的一面。

扭转思维的错误

当你开始意识到，有一个思维的错误让你陷入了困境，使你的压力“升温”时，这就需要“紧急情况下请击碎玻璃”的应急方案。

练习：想法并非事实

想象有一张沙发。它不是普通的沙发，而是你能想到的最漂亮、最舒适的沙发。首先从它的颜色开始——它是纯色的还是有图案的？再看看框架——它是金属的还是木制的？材质呢——是皮革的还是布艺的？它能坐几个人？坐垫是什么样子的？它的座椅是那种可升降的，还是带有振动功能，可以进行背部按摩的？用接下来的几分钟时间，认真在脑海里描绘这张你为自己设计的最棒的沙发。

现在，我要求你做的就是去坐在这个沙发上，然后继续读这本书……

什么？你说你做不到？

你当然无法做到。不管你的大脑再怎么努力，那张华丽的沙发始终只是你的一个想法。就像你曾经有过的，或是将要产生的其他想法一样，它是不真实的。

想法并不等于事实。它们不是我们必须要服从的命令，不是普遍存在的或绝对的真理，也不是令人害怕的东西。它们只是我们大脑中一些神经元（神经细胞）之间的电活动，通过它们我们可以把故事碎片串联起来。我们所有关于自己的想法——我们有多么糟糕或是多么不合格——其真实度就像那张沙发一样。处于压力之下，当我们的想法变得很不理智的时候，我们会对自己产生更多这种负面的想法，令我们的情绪低落，使我们处于更加危险的境地。

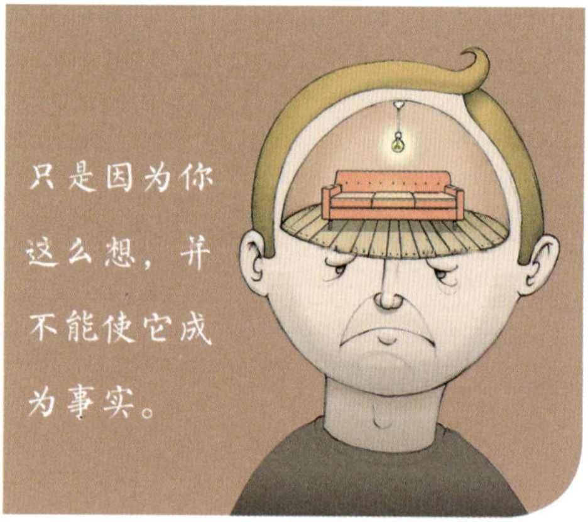

当出现紧急情况时

问自己以下几个问题，诚实地回答：

· 是否可以用别的方式来看待这种情况？
· 我的反应真的符合这种情况吗？
· 可能发生的最坏的结果是什么？最好的结果呢？
· 我能做些什么来改变这种情况？
· 最有可能发生的事情是什么？我又该如何去应对？
· 如果我有一个朋友也面临同样的情况，我该给这个朋友什么样的建议呢？

压力的 ABC 模型

许多人在一些情况下（或多数情况下！）会责怪他人、责怪外界环境、责怪我们的基因，甚至责怪政府让我们不快乐。这就是我们业内人士所称的外部控制点（external locus of control），意思就是我们不对发生在自己身上的事情承担责任。这种想法本身存在问题，因为这意味着我们在内心深处相信自己是被这个世界所支配的，我们无法掌控自己的方向。还有一个常见的假设与这种信念有着紧密的联系，即如果有某件事发生在了我们身上，那么我们产生不管是好的、坏的，还是其他感觉，起因一定是这件事。但实际上，是我们对事件的理解让我们产生了某种感觉。

想想看：你为了工作上的一个项目付出了许多努力，但你的老板却对此视而不见，这对你很不公平。然而，现在这个项目取得了成功，老板却把所有的功劳都揽在自己身上。你可能会得出结论，你之所以那么生气全都是因为这个老板。但事实并非如此，你的老板根本不会让你感到生气。他的确是个让人不屑一顾而且自私的人，但真正让你感到愤怒的是你对这件事情的理解或认知。看，这个过程中总有一个更深的层面。虽然你可能暂时不想见到你的老板，也不想为他的下一个项目卖命，但你也不必让他知道你的感受。

认知行为疗法（cognitive behavioural therapy，简称 CBT）由阿伦·T.贝克（Aaron T.Beck）和阿尔伯特·艾利斯（Albert Ellis）在 20 世纪 60 年代率先提出，为

我们对世界的反应提供了一个很有价值的评估体系。我们可以利用他们提出的“ABC 模型”理论，把遇到的任何一种情况都分解为可识别的步骤。

第一步：激发事件（activating event）

发生的事件或情况。

第二步：信念（belief）

对事件的看法。

第三步：结果（consequence）

你的想法、情绪、感受和行为。

ABC 理论的应用

如果我们把每个导致我们痛苦的事件都分解成基本的 ABC 三部分，我们就能清楚地看到我们的思维可能在哪里出现偏差，以及它们是如何给我们带来压力的。对于那些使你产生强烈情绪（通常伴有强烈反应）的事件，你可以利用下一页里的简易表格，理清自己真实的想法和感受。

请注意所有的思维错误（括号里的内容），以及它们如何带动我们的情绪和感觉。这些情绪和感觉影响了我们的行为，导致我们去逃避帮助和支持，甚至是逃避任务本身（比如消极处理方式）。这些想法也会打扰我们的休息，给我们的身体带来更多的压力。

你可能需要进行一些练习来重新学习 ABC 理论的应用，主要是因为我们已经习惯对事件做出某种反应，习惯从外部寻找要追究的事和人。不过一旦你掌握了窍门，你会发现自己不那么被动了，情绪会更容易受到控制，感受到的压力也会更小！

A 激发事件	B 信念	C 结果
你在哪里？发生了什么事？注意要简明扼要，坚持事实	你产生了怎样的想法？你对这种情况有怎样的理解？你产生了哪些假设和预测？	你体会到了哪些情绪？你有哪些感觉？你做了哪些事情？
▪ 我被分配了一个新的项目，完成任务的时间期限非常短	▪ 我不知道怎么去完成这个项目（夸大及贬低） ▪ 我绝不可能按时完成（轻易下结论——预测命运） ▪ 我老板一定会生气的（轻易下结论——预测命运） ▪ 我会被解雇（灾难化）	▪ **情绪：** 悲伤、害怕 ▪ **感觉：** 担心、不安、紧张、羞耻 ▪ **举动：** 与同事们疏远，不好好工作却总是上网摸鱼 ▪ **身体症状：** 睡眠不好，肌肉紧张，肠胃不舒服

思想、感情和情绪都绝不是事实。

做自己思维挑战的导师

思维挑战（thought challenging）是一种经过科学证明的方法，它可以减少忧虑思想对我们情绪和行为的影响。有时候我们很忙、压力很大或是感觉非常疲惫，这时如果我们拥有自己的（内在）导师，我们的感觉就会大有不同。

在调动自己的内在导师之前，首先问自己几个问题：

1. 这种思维让你感觉更加良好还是更加糟糕？

2. 这种思维是帮你决定了下一步该如何去做，还是让你退缩，阻碍你去采取行动？

如何去挑战你自己的想法

如果你认为你的想法让自己感觉很糟糕，或者当你知道需要采取行动的时候，你的想法起了阻碍作用，那么你也许应该请出自己的“思维挑战导师”来帮你以更实际的方式看待自己、他人和此时的处境。请拿出你的笔记本。

第一步

把具体影响你心情的事情记下来

比如：“我老板在看了我的报告之后，做出了许多修改。”

第二步

写下它让你感觉如何

找出那些最先出现在脑海里的词，不管是肯定的还是否定的。在这个例子中，这个词可能是“尴尬”或“担心”。表达其他常见感受的词有：喜悦、高兴、满足、接受、惊讶、关心、恼怒、沮丧、压力、悲伤或愤怒。

第三步

写下你脑中那些消极的、没有帮助的想法

你在想些什么？具体是这件事情的哪些方面让你心烦意乱？例如：“我老板一定认为我很没用，我不擅长做我的工作。如果我被解雇了该怎么办？我拿什么交房租、付账单、去买食物？丢了工作一切都会受到影响！”

提出一些合理的问题可以使我们的思维恢复客观，有助于我们缓解压力。

第四步

让自己平静下来，找出那些你可能正在犯的思维错误（第65—66页）

在这个例子中，你可能犯了灾难化、轻易下结论和以偏概全的思维错误，可能还有一点走极端的思想。这可是在同一问题上犯了许多的思维错误呢！

第五步

从下面的列表中选择三个问题

然后写下你的答案。

- 你的想法是有理有据的吗？事实情况是怎样的？
- 有没有更合理/客观/有益的方式来思考这些问题？
- 情况真的像你现在想象的那么糟糕吗？
- 只是因为你以为是这样，就意味着你是正确的吗？
- 有没有其他看待事情的方式？
- 在这种情况下，其他人会怎么想呢？他们会如何理解这件事情？
- 你是否只关注了消极的一面而忽略了其他方面的信息？
- 这个标签在所有情况下都是对的吗？
- 关于这种情况，是否有哪些积极的方面是你没有注意到的？
- 你现在可以做些什么来更好地应对这种情况？
- 可能发生的最糟糕的事情是什么？这种事情发生的可能性有多大？如果真的发生了，你会怎么处理？
- 最坏的、最好的和最有可能的结果会是什么？
- 你是否以偏概全了呢？

第六步

选择一个更客观、更实际的方式来考虑你的情况

使用你在第五步中所选择的问题的答案。例如："我的老板对我以往所做的工作很满意，所以我不太可能只是因为这份报告就被解雇。我以前也从老板那里得到过许多修改意见，这些反馈一直是很有用的，既没有特别挑剔，又不会太过琐碎，所以这不太可能是针对我个人的行为。其他人也表示过这个项目非常复杂，但是我的老板仍然选择把它交给我来做，这说明他不可能不认同我的工作能力。"

一个更为客观的结论是："我需要看一下老板具体修改了哪里，看看我能否从他的反馈中学到些什么。如果我对哪里不太确定，我随时可以去问他。"

第七步

现在，回顾一下你对形势的感受

比如："老实说，我还是会因为没有以完美的开端开始工作而遗憾，但这是因为我有点偏完美主义，所以这种感觉并不奇怪。现在我觉得，对于那些反馈意见我能报以接受的态度，也更有自己的判断，没有无谓的担忧了。"

关于压力的生活启示

③书的启示

马修·约翰斯通

2009 年，为了创作《生活禅》（*The Alphabet of the Human Heart: The A to Zen of Life*）这本书，我曾疯狂地工作。这本书是我与发小詹姆斯·柯尔（James Kerr）共同创作的，我进入广告行业的想法也是他在偶然间激发的。在我眼中，詹姆斯是个了不起的作家，我认为他是创作这本书的最佳人选。

距离给出版商交稿只剩几个月的时间了，但是很不幸，此时我对完美的追求和对压力的承受都达到了极限。于是我找了一位平面设计师来帮助我，减轻我的负担，但不出所料，她做得并不好，所以我只能让她走了。詹姆斯一直在写那本书，但我什么也没看到，这也使我很紧张。他住在伦敦，所以我们谈话的时间不是早晨刚起床就是午夜时分。随着自己去构思、画插画、做设计并试图与詹姆斯沟通，我慢慢地不再享受自己的状态。

一天晚上，突然有一个瞬间我感到自己进行不下去了，想要掰断手里的铅笔。于是，我马上给詹姆斯发送了一封电子邮件，写道：“我睡不着，也无法再享受这个过程了，无法在最后期限到来之前完成工作，我也不知道这是好是坏。我讨厌我的画。”这里我想警告大家：千万不要在盛怒之下或压力最大的时候发邮件，因为你自己读不出邮件里的任何语气。对詹姆斯来说，这封邮件一定让他感到意外，因为在此之前，我没有表现出任何疑虑。

有时候，我们会在一瞬间勃然大怒、豁然顿悟或者醍醐灌顶。这可能只是因为无意中听到了一段对话，或者是看到了一个标题或一幅涂鸦。对于我来说，这种瞬间则来自詹姆斯经过一番深思熟虑之后给我写的回复。他在邮件里只写了一句：“去读读那本该死的书吧！”

我可以诚实地说，这是一个非常明智的建议。他完全正确。这是一本关于意义、目的和平衡的书，而我并没能做到言行一致。没有人会来敲着我的门问：“你的书在哪儿呢？”詹姆斯也不会说：“我觉得你的画和想法真是糟透了！”只有我，在向自己发着牢骚。

当我读到他的邮件时，我忍不住一阵爆笑。我立刻关掉了电脑，开始好好照顾自己。我发誓我再也不会这样大发雷霆了，而且我可以坦诚地说，我的确做到了。

故事的道理

简短的话语中蕴藏着伟大的智慧。

善待你自己。

从你的思维中后退

虽然“思维挑战导师”的方法对于我们脑海中大多数过于激进的思维会起到一定作用，但我们都经历过极其艰难的时刻，就好像脑海中存在一个消极的想法（这个想法很可能是关于你自己的），怎么用力甩都甩不掉。当这种情况发生的时候，你就陷入其中难以摆脱了，或者像我们所说的被那个想法“融合”（fused）了。所以，你需要去挣脱捆绑、解离（defused）束缚。

在这种时候，别人可能会说你心不在焉、心事重重或者沉浸在自己的世界里，他们可能会建议你去放松一下、尽量不去想它。但是大家都知道，当我们试着不去想某件事的时候会发生什么——我们几乎满脑子只有这件事。没错，现在试着去想想别的东西，除了一头粉红色的会跳舞的大象……你看，是这样吧？

思维解离

研究表明，思维解离有助于我们摆脱那些困扰我们的想法。思维解离是从接纳与承诺疗法（acceptance

and commitment therapy，简称ACT）中借鉴的一种心理学技术，它能够帮助我们在被思想困扰的情况下继续生活下去。它可以降低你内心的声音，让这些想法更像是存在于背景的噪声中，而不是像震天动地的重金属摇滚。

关键是要退后一步，从远处观察你的思维，而不是让自己完全陷入其中。此时，你的目标只是看看你的想法，而不是看穿你的想法。

举个例子可能会有所帮助。当你在工作中犯了一个错误，你可能会想："我真是太蠢了，我怎么能那样做呢？"当你这样想的时候，你根本没有意识到这只是一个想法而已。你完全陷入其中，这就是你所相信的（或你被告知的），所以你看起来似乎就是这个样子——愚蠢。在这种情况下，你需要和这个想法保持一定距离，这样它才不会跟着你回家，让你继续感到痛苦。

如何解离一个想法

在我们最需要的时候，练习思维融合和思维解离的步骤可以帮助我们，并永远改变我们与思维的关系。

第一步

找到一个消极的想法

在你的笔记本上写下一个消极的、自我审判的想法。例如，你可以回答以下问题中的一个：当你从镜子中看到你的身体时，你的大脑会说些什么？关于你的工作能力，你的大脑会告诉你什么？关于朋友们是怎么看待你的，你的大脑又说了些什么？

第二步

把这些想法归纳成一个短句，然后将它融合

比如："我简直太蠢了。"用接下来 20 秒的时间去融合这个想法——真正集中在这一点上，完全聚精会神，然后尽可能让自己去相信这句话。你有怎样的发现？这种感觉很糟糕，不是吗？因为，当我们这么说的时候，我们就会相信自己所说的内容。

第三步

解离这个想法

在心里默默地重复刚才那句话，并在前面加上"我有这样的想法，……"。比如："我有这样的想法，我简直太蠢了。"把这句话重复默念 20 秒钟。

第四步

思维的双重解离

再次重复这个想法，但是把前面的短语替换为"我注意到我有这样的

想法，……”。例如：“我注意到我有这样的想法，我简直太蠢了。”把这句话重复默念20秒钟。

花点时间去观察自己有什么发现。注意自己是否有这样的感觉：自己开始与这个想法分离或疏远了，它变得不那么“真实”了。如果没有，那么换一个想法再做一次练习。

只需要在一个令人不安的想法前插入几个词语，就可以帮助你解离这个想法，进而使你能够更容易去继续处理事情。还有几个其他的短语你也可以试着去用：

“我的大脑告诉我，……”

“我发现我的大脑在告诉我，……”

“嘿，大脑！有问题的并不是我，绝对是你！”

视觉化的思维解离

心理学家路斯·哈里斯博士和其他ACT研究人员为我们掌握思维解离的技术提供了丰富的方法。有些人可能很喜欢用语言的方法，但另一些人可能觉得想象的方法对于解离思维会更加容易。把思维想象成具体的图像，可以使我们把这些想法看作身外之物，让我们能够对自己的行为做出

“对抗压力最强大的武器，是我们选择想法的能力。”

威廉·詹姆斯（William James）

更明智、更客观的决定。还要记住，我们的行为会对我们的感受产生影响。

让我们开始练习吧。试着把一个想法具象化——可以给它起一个名字，或是给它一种颜色，然后放手让它消失。你可以把它看作是：

- 云朵飘过天空或者鸟儿飞过天空。
- 浪花从大海中升起又落下。你可以站在岸边观察海浪，这样就不会被卷走。
- 树叶和树枝顺着小溪漂走。你不用跳入溪水中，站在桥上看就可以了。
- 你在站台上看着火车来来去去。
- 行李箱放在机场传送带上。你可以看着行李箱渐渐远去，不需要拿走它们。
- 你与不认识的人在大街上擦肩而过。你可以对他们点头示意，但不用停下来和他们交谈。
- 网页上的弹窗，你不用去点击它们。

更多思维解离的方法

这里还有五个更迅速的、简单的、受 ACT 启发的思维解离方法，可以帮助你摆脱有问题的想法。

1. 重复

大声地重复一个想法，速度越来越快，一遍接着一遍（例如，“我很笨”）。如果此刻你身边没有别人，那么现在就试试。你会惊讶地发现，这种想法很快就失去了它的意义——同时也失去了对你的影响力。

2. 给故事起个名字并感谢你的大脑

把想法总结一下，然后给它起一个名称。比如，如果你倾向于“我真是个失败的人”这样的想法，那么就叫它“失败者的故事”。等到这种想法再次出现的时候，你就对自己说：“哦，对了，‘失败者的故事’又来了。谢谢你，我的大脑。”然后把注意力拉回到你刚刚正在做的事情上。

3. 傻傻的配音

用超级慢的语速或是愚蠢的语调把那个想法说出来，也可以把它唱出来。比如，用《三只瞎老鼠》（*Three Blind Mice*）的曲调唱出来，或是用另一种和要说的内容完全不搭调的旋律唱出来。

4.K 歌杀手

把这个想法想象成一串词语，想象它们穿过电脑屏幕，变成了一个屏保动画。或是想象一下 K 歌时屏幕上提示歌词进度的圆球，一闪一闪地穿过那些代表你想法的文字。

5. 把它变成漫画

把你的想法画成图画，按照动作顺序排列。一定要给它一个特别疯狂、特别胡闹的结尾。

思维解离是你要学习的一项重要的技能。每天尝试一种新的方法，然后选择一种你最喜欢的，用它来对付你所有的顽固思想。

④坏消息的启示

马修·约翰斯通

一次，我和一个朋友在喝咖啡聊天。我问他："叙利亚发生的那些事情真的很可怕吧？"他回答说："叙利亚怎么了？"我说："你知道的，政府轰炸平民，还有宗教极端主义组织（ISIS）犯下的那些可怕的暴行。"他说："不，我并不知道这个。"我叫了出来："真的吗？你难道不看新闻吗？"他回答说："我不看的，我尽可能避免去看新闻，主要是因为有很多不好的，让人有压力、感到沮丧的消息。我能做的不多，所以我宁愿为我的家庭、朋友、公司和社群输入一些正面的、有建设性的能量，这样我可以做出长久积极的改变。当发生什么重大事件的时候，我通常都是从别人口中知道的，比如你。"

除了感觉自己是带来坏消息的人之外，刚开始我会认为他有点鸵鸟心态[1]，但我越想越觉得他说得有道

[1] 译者注：鸵鸟在被逼得走投无路时，会把头钻进沙子里。"鸵鸟心态"指的就是一种逃避现实的心理。

理。晚间新闻通常是一个名副其实的大杂烩，充斥着车祸、谋杀、绑架、恐怖袭击和各种自然灾害，在结尾处往往会扔给我们一些卖萌的小猫咪或者大熊猫等逸闻趣事，这样我们就不会失去所有希望。好的消息和世界各地人民的伟大成就不会像负面新闻那样具有吸引力、戏剧性或收视率。如果我们执迷于恐怖主义、暴力危机、全球冲突、环境恶化等，它们将不可避免地影响我们的世界观，并助长我们的恐惧、担忧和压力之火。

所以，从我朋友那份不存在的报纸上学一学吧，试着少接收那些坏消息。

故事的道理

有时候在生活中，
眼不见就会心不烦。

分心的力量

有时候，我们会产生一些特别顽固、难以抗拒的想法，会让我们无法安静地坐下来，也无法集中精力去完成需要做的事情。这种情况很容易发生，比如，当我们和伴侣出现问题的时候，当我们失业的时候，或者一些坏消息让我们产生了难以承受的情绪的时候。

简单的分心可以转化成一种技巧，使你能够控制自己的反应并继续前进。分散注意力可以让你回到此时此刻，帮助驾驭压力的浪潮而不是让事情变得更糟。

需要注意的是，分心只能作为一种短期使用的工具，而且只能在你无法马上转移注意力或解决问题的时候使用。我们当然不希望总去分散注意力——否则，它可能成为另一种逃避生活中的问题的不健康策略。

改变我们的情绪行为

心理学上有句话是“情绪爱情绪”，意思是我们经常会做出使情绪变得更糟的行为。但是，如果你的行为与情绪所告诉你的恰恰相反，则可以帮助你理清

思绪，与那些以前似乎难以承受的想法、感觉或压力源保持一定的距离。通过这个技巧让你的压力“降温”后，你还可以利用“压力，再见”一章中提到的其他方法来更好地管理你的情况。

反向行为

这种方法来自心理学家玛莎·莱恩汉教授（Professor Marsha Linehan）的“辩证行为疗法”（dialectical behaviour therapy）。它不是阻止或压抑情绪，而是要采取不同的行为让情绪变得不那么强烈，然后你就可以进一步采取行动，逐渐改变你的感受。

1. 弄清楚你的感受，以及这是不是你想要改变的。

2. 找到一项正确的活动，它需要你的精神高度集中，这样你的注意力就会从压倒性的想法和情绪中得到分散。

3. 一旦你通过采取反向行为成功地降低了情绪的强度，你就会更加清晰地去思考，并且能够针对压力源做出更有帮助的决定。

根据不同的情绪，以下做法可能对你比较有帮助：

- 选一首可以让你产生相反情绪的歌。
- 选一本可以真正抓住你的注意力并且能让你全情投入的书。
- 选一部给你启发、能够改变你的感觉的电影。
- 进行短暂而高强度的锻炼来改变你身体分泌的化学物质，并且改善你的情绪。它一定要是爆发性的运动项目，能够激发我们体内所需要的化学变化，从而改变糟糕的情绪。
- 和小孩子或宠物一起玩耍。
- 画画，施展创造力——制作一个模型，获得一项新技能。
- 参加演出活动，比如戏剧或是音乐会。
- 和朋友相处。试着不去谈论你的问题——把注意力转移到别的事情上，对朋友所谈论的事情产生兴趣。

要正念，不要失念

研究表明，正念的确是一种能够减轻压力的有效方法。这或许是我们可以独自使用的最有效的减压方法了，几个世纪以来它一直在帮助我们。正念是冥想的一种形式，练习正念并从中受益并不需要你有宗教信仰或精神灵修方面的经历。让我们花点时间来看看正念是什么，为什么正念对我们有帮助以及它是如何帮助我们的。

正念能够

- 减少压力。
- 缓解焦虑。
- 减轻抑郁症并预防其复发。
- 改善睡眠。
- 提高我们管理烦扰思绪的能力。
- 减少跟上瘾有关的冲动。
- 增加积极的感受——通过激活与快乐、乐观相连的大脑区域。
- 提升自我意识。
- 增强人际交往的能力，减少人际关系中的困扰。
- 提高生活质量。
- 在生理方面也有积极的作用，包括促进免疫力提升、减轻疼痛和降低血压。
- 调整思维，并改善大脑功能。
- 提升专注力以及我们在压力中思考的能力。
- 提升记忆力和同时处理多件任务的能力。

想象一下，如果你能够得到这些好处，那么你处理工作、为人父母，甚至竞选议员，都会变得更加轻松。

什么是正念

正念是指通过你自己的感官来仔细关注你当下的经历——你能看到、听到、闻到、尝到和感受到的东西，也包括情绪、思想和行动。当然，你不必同时关注所有方面。事实上，这样做的目的只是让你专注于做当下的事情，而不去判断这件事本身是好是坏。

当我的客户问我“我为什么要专注于当下呢？我讨厌现在！所以我才会来找你”时，我会醒他们，问题并不在于此时此刻，而在于他们此时此刻的想法。你的思想可以存在于三个地方——过去、现在和未来，只有现在是不会导致思维反刍（rumination）或顾虑担忧的。

当你不再担心自己或打击自己时，你便可以把思绪转移到更为现实的地方：“你看，事情并不完美，但我还好。我很安全、衣食无忧，而且我可以采取行动来改变我的处境。”

正念会重新整编你的大脑

研究表明，正念是我们所有人都应该多练习并去做的事情。当我们紧张或生气的时候，它会迅速发生反应，因此正念对于那些反应快的人来说尤其有帮助。还有很多重要的因素证明我们应该每天都练习它。

财务问题
经济问题
环境问题
家庭生活
社交媒体
正念
全球问题
人际关系

耶鲁大学的研究人员发现，正念冥想（mindfulness meditation）会减少大脑默认模式网络（default mode network，简称 DMN）的活动，DMN 是一个允许我们的大脑游离于当前时刻的神经元网络。大脑之所以会这样做，是因为尽管进化使我们的注意力集中于威胁上，但如今我们面临的威胁更多是心理上的而不是身体上的。通过专注于处理这些威胁，大脑会去关注我们内心的对话，并偏离我们当前所经历的事情。

DMN 有点像我们的自动驾驶。它与聚焦注意力网络（focused attention network，简称 FAN）恰恰相反，后者当我们处于临在（present）状态或是正念状态时是活跃的。在这种模式下，我们可以创造性地解决问题，品味一段经历或是沉浸在一项活动之中。当我们激活 FAN 时，我们通常会向外聚焦。想想看，当你和一个小孩子非常专注地一起玩耍的时候，

通常也是非常有趣的。孩子们只知道现在，如果你的注意力转移了，他们也会很快重新拉回你的注意力。

不幸的是，我们大约有 50% 的时间（有些人甚至更多）是处于精神游离的 DMN 状态下的。在这种状态下，我们会编织故事、幻想各种“如果”、制造没有头绪的对话，从不同的时间段里截取部分事实来编造对自己有害、对所有人无益的故事。

在 DMN 状态中，我们会花更多的时间纠结过去、担心未来，所以总的来说我们是不快乐的。哈佛大学的一项研究发现，不管处于做什么的状态中，人们走神的时候所获得的幸福感要远远低于体验当下意识的时候。所以，即使是做了一个美美的白日梦，也并不能比活在当下创造出的快乐多。事实上，相比人们所做的事情本身，精神上的临在状态对人们幸福感的影响是前者的四倍之多。

所以，为了得到快乐，我们所想的远比我们所做的更为重要。知道了这一点，我们每个人都能更好地掌控自己的快乐。我们被自己所感知到的环境束缚了手脚，会有诸如“哦，要是和我约会的是那个人该多好”，或者“如果那是我的工作的话我会很开心的”此类的想法，但事实证明并非如此。我们只是需要正念和专注。

下面的这项研究很好地连接了我们对现阶段的认知。美国梅奥医学中心（Mayo Clinic）的阿米特·苏德博士（Dr.Amit Sood）说，我们生活在两个平行的世界当中：一个是感性的，我们通过五种感官去感知外部世界；另一个是概念性的，是我们自己的内在环境，由我们的思想、感觉和情绪所组成。这两个世界是不可分割并且不断相互影响的。例如，我们都你大脑未来的健康取决于你当下的思想质量，所以，享受当下吧！

知道处在一个平静的外部环境（例如，热带雨林或深山老林）可以使我们的想法和感受变得柔软或是发生改变："这没什么大不了的，我能搞定。"另一方面，如果我们对一个人或这个世界的想法和感受变得更加温柔了，那么我们的认知也会随之发生改变："嗯，他真的没那么坏，我还是可以和他一起工作的。"这样的事情经常发生。

从这些研究中我们可以知道：对于压力和幸福，我们比想象中拥有更多的控制力。这一切都要从正念、专注开始。

正念的组成部分

正念需要三个因素：

1. 意识

这就像是在黑暗的房间里打开了一盏灯：在灯亮之前，屋里一片漆黑，我们什么也感觉不到；但是随着灯被打开，我们可以意识到一些物体的存在，比如一把椅子或一张桌子。我们还可以意识到特定的声音、气味、形状、感觉、想法等。

2. 注意力

这是我们有针对性的心理活动。我们可以将注意力集中在我们意识范围内的任何事情上，让我们可以临在或关注一个或多个感官体验。

3. 一个意识的对象

这是我们真正感觉到的东西。我们想要看到、听到、感觉到、品尝到和闻到的，是意识的对象。请注意，所有关于某个东西是什么的信息，全部都是由大脑所掌握的。

> 当你能够正念满满的时候，为什么要忍受杂念满满的大脑呢？

如何练习正念

这里有四个简单的步骤可以用来进行正念的练习：

第一步

选择一个意识的对象

它可以是任何事物。通常，你可以选择一些你比较容易集中注意力的东西，比如一段音乐、你的呼吸、一种食物。

第二步

把你全部的注意力都集中在这个意识对象上

认真地把注意力集中于此。如果你选择的是一个物体（比如一朵花），请仔细审视它，当作你这辈子第一次见到它。注意它的形状、颜色、质地、气味，以及光线在这个物体上不同角度的反射状态。如果选择的是音乐，聆听其中所有的声音，包括不同的乐器和人声，以及音调、音色和音量的变化。要记住，不要评判这些特征是好是坏，只要注意到它们的存在就可以了。

第三步

留意注意力分散的时候

这种情况是肯定会发生的，而且是完全正常的。你的目的是注意到它。这可能需要几秒钟或几分钟的时间。不管花了多长时间，只要你注意到它的发生就可以了。

第四步

轻轻地把你的注意力拉回到手头的工作上

这一步的意思是，要对这个关注对象有意识。不要因为没有保持专注而随意评判自己，只需要在每次发生这种情况的时候都把自己的注意力拉回来。

我的一位客户创造了“同情回归（compassionate comeback）”这个短语。当你意识到自己走神的时候，请对自己报以同情。接受它并把它看作是一个让你把注意力重新抓回来的机会，当你这样做时，请意识到你在进行正念练习！

请不断重复第三步和第四步的内容。需要注意的是，我们的目标并不是消除内心喋喋不休的声音——这是不可能的，而是以一种开放的、好奇的、不带评判的方式来注意你内心的嘈杂，然后把注意力拉回到当下。在这个过程中，你会发现自己的思想逐渐平静下来。虽然正念的目的不是放松，但你可能会注意到由此带来的放松感，这是一个良好的附带作用。

有些人说“我试过了，但我不行，这个方法不适合我”，才试了几次就放弃，这有点像只进行了一次跑步就期待身材能够立刻变好一样。正念是一种技能，就像其他技能一样，通过练习才能掌握，从而变得更好。所以，要有耐心和毅力——你会为你所做的而感到高兴。

正念小贴士

- 每天找一个固定的时间来练习正念技能，这样，正念将更有可能发生。
- 尽量不要让练习正念间断的时间超过2天——因为如果这种情况发生了，你很有可能就会停止练习正念的尝试。
- 哪怕每天只进行5分钟的练习，都是一个好的开始。如果你每天练习10—15分钟并坚持1个月，那么它就会变成一种习惯。然后你会发现，现在它很容易就成了你日常生活中的一部分，而且你会真正注意到它的益处。

正念是专注的优雅艺术。

练习正念会让你感觉……

日常的正念

正念可以通过多种方式来进行练习。不管你是在家里躺着还是坐在你最喜欢的沙发上，抑或是在办公桌旁的工作时间，又或者是午餐休息时外出来到公园，这些时间你都可以去练习。

你不必一定要正式地坐下来。你可以非正式地练习正念，把它作为日常生活中的一部分——洗澡、刷牙、做饭、吃饭或者甚至是遛狗的时候都可以练习。不管你选择用怎样的方式去做，目的是要意识到你内心所有的杂音，并慢慢地把你的注意力拉回到当前的事项上（例如，去留意你口中苹果的味道和咀嚼感）。

首先，从你的日常生活中选择一项活动。把你所有的注意力都聚焦在这件事上，精神达到前所未有的集中，或者把它当成是你要向一个来自完全不同文化或是外星球的人去介绍这件事一样。注意这项活动中所有的动作——你可能需要去激活你的每种感官意识，不过，请格外注意你的身体动作。夸大并放慢动作，这样你才能完全沉浸在当下的这一时刻。

你可以在进行以下活动时尝试练习正念

- 吃喝东西——比如，吃早茶、早餐或喝咖啡。
- 干家务活。
- 听音乐。
- 早晚的梳妆打扮。
- 上下班的路上。
- 在公园里散步。
- 意识到他人的存在——进行眼神交流、主动聆听、专注交谈。

正念沐浴

让我们举一个正念沐浴的例子。但是，首先我们来看一看非正念的沐浴是什么样子的。一开始，你睡眼惺忪地把手伸向水龙头，然后因为水很冰冷，你的胳膊不由自主地迅速向后一缩。接着你把睡衣脱掉，胡乱扔在地板上，待会儿你要伸手拿毛巾的时候一定会把你的湿脚踩到睡衣上。一旦进入淋浴间，你会模糊地意识到身上的水流，这种意识还总被大脑与水温的持续抗争所打断。真正的淋浴过程可谓手忙脚乱，双手随意地向身体各个方向施加压力。与此同时，你的思绪却游荡在其他的事情上，比如昨晚的电视节目剧情，如何拒绝那个有求于你的朋友的晚餐邀请，以及在尽可能少操心的同时保住那份讨厌的工作，等等诸如此类的日常难题。想到即将到来的日子，你发出了一声长叹。

相反，如果你用正念技能去沐浴，你会注意到每一个动作、步骤和效果。当你把手伸向水龙头时，你会留意到水打在地板上、流入下水道的声音。你会小心仔细地脱光衣服，把睡衣放在挂钩或衣杆上，或者把它们叠得整整齐齐。你将穿过淋浴屏或浴帘，从身后把它拉上。然后你会注意到皮肤上那些直接与水接触的区域和未直接接触的区域的温差。接下来，你将专注于感受水流到你头上的感觉，以及水花打在你的脸上、肩膀、胸部和背部，然后一直流到你的腿上的感觉。你会再次注意到水的温度和它对皮肤的压力。观察淋浴室的玻璃和墙壁上的水珠。看着升起的水蒸气。不加评判地感受香皂的芬芳以及它与皮肤摩擦的触感，并去体会它在你身体不同部位的感觉是否不同。

注意在这个过程中任何想法的出现，是否把你的注意力带走了。几乎可以肯定的是，你的注意力会一次又一次地转移，正如我们大多数人都会把洗澡放在一天开始的时候，我们忙着计划和担心接下来要发生的事情而不只是单纯地洗澡。但是，这种注意力转移的情况出现时请不要生气，你只需要认识到自己的思绪已经飘走了，你可以通过贴标签的方法（例如“对工作的想法”“对朋友的想法”）来承认并释放这些杂念，然后心怀同情，把你的注意力带回到沐浴这项活动上。如果你感觉自己的专注力比较薄弱，那么把水温调低一点——你会发现自己的呼吸变深了，你的姿势也变得更加挺拔了，这样，你的注意力就会自然而然地集中到新的感觉上来。

接下来，如果你的计划里有这个步骤，那就把你的注意力从结束沐浴转移到擦干身体和梳妆上。你会发现，这其实并不会比你匆匆忙忙的时候花费更长的时间。你会变得平静、精神集中，头脑也会变得非常清晰，准备好迎接早间的通勤和一天中的其他事情。

试着在这个星期找一天去尝试一下，然后争取经常这么做。如果你接下来的一天将面临很大的压力，它可以为你提供一定的缓冲余地，这对你将非常有帮助。

关注你的想法和感觉

练习正念没有正确或错误的方法之说，明白这一点非常重要——只要你关注自己所经历的事情，就是正念。如果你在做正念练习的时候感到沮丧，注意到你的沮丧就是正念。事实上，感觉和想法可以是非常好的正念练习对象——它们总是与我们同在。重要的是，你要训练自己当它们一出现时就放开它们，因为反刍思维是我们的死敌，是让我们被大脑所支配的主要方式。记住，独裁的大脑并非一直是你的朋友！

你需要：

- 意识到这些想法或感受。
- 承认这些想法或感受的存在。
- 放开这些想法或感受。
- 不去评判这些想法或感受，或者针对它们做出反应。

关于压力的生活启示

⑤巡航的启示

马修·约翰斯通

当我住在旧金山的时候，我发现自己对摄影充满热情。我特别喜欢在偏僻的地方或是有工业气息的地方拍照。我把这叫作“无中生美”。除了相机，我还会在车里放一个小录音笔，我会用它记录下一些可以拍照的地方和街道，等到光线好一些的时候，我再回去捕捉一些瞬间。比如，我知道“利文沃斯街和艾迪街交叉口有个不错的旧标牌”。

有一天，我开车的时候低头发现，录音笔上有一个红色的小灯亮着，这是表示“正在录音”的指示灯。我把车靠路边停了下来，然后出于某种原因，我决定倒回去听听自己究竟录了些什么。我很惊讶地听到了长达约 10 分钟的哼唱、吹口哨、手指敲击方向盘的声音，还有催别人快点、咒骂交通信号灯以及许多的自言自语。奇怪的是，当我坐在车上听的时候，我完全不记得这些事情曾经发生过。这是我处于自动驾驶状态的大脑在胡思乱想——现在被大声播放出来了。

这让我意识到，我们在生活中有多少事情是被敷衍对待的，我们几乎或完全不知道自己在哪里、在做什么、感觉如何、在想什么。有意思的是，我正是在人生中这样的时刻，发现了正念。

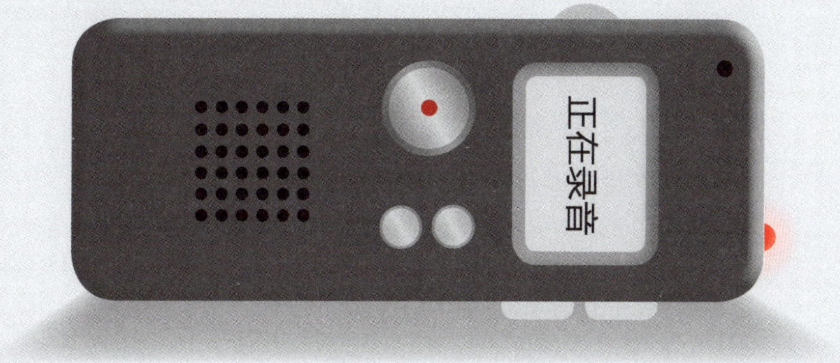

故事的道理

"正念并不困难，
只是我们要记得去做。"

莎朗 · 莎兹伯格（Sharon Salzberg）

3 害怕，再见

减少压力在生理方面的影响

在这一章里，我们会向你介绍：

- 如何关闭让你有压力的害怕反应
- 如何激活你的休息和恢复反应来减压

relax

我们需要放松

你是否曾注意到，当处于高压状态时，你会比平时犯更多的错误？你是否也曾在周围人身上看到同样的情况？想想那时你曾说过："哦，天哪，我真不敢相信他们会那么做。他们是怎么想的？"事实上，从神经生物学的角度来看，他们并没有去想——至少没有好好去想。压力会抑制理性、常识性的思考，现在我们要告诉你如何将它找回。

当我的客户处于高度紧张状态的时候，他们无法专注或恰当地倾听任何我所说的有帮助的话。此时，我的首要目标就需要发生变化，从关注他们的问题变成让他们进入一个可以清晰而理性思考的状态。为了做到这一点，我用接地气的和减少情绪刺激的方法（grounding and arousal-reduction techniques）让他们平静下来——指的是放慢他们的呼吸，让他们的注意力回归。在这样做的过程中，他们会对自己的问题有更清晰的认识，并且通过减轻情绪刺激（害怕反应），他们也能接收到有益的信息。这就是为什么练习“害怕，再见”这一章中的放松技巧很重要，因为通过练习你才能找到适合自己的方法。

放松的益处

放松技巧可以通过以下功效，使压力得到缓解：

- 减慢呼吸速度和心率。
- 激活副交感神经系统。
- 降低血压。
- 改善免疫系统。
- 降低应激激素的活性。
- 增强主要肌肉中的血液流动。
- 减轻紧张和慢性疼痛。
- 减轻头痛。
- 改善注意力和情绪。
- 缓解疲劳。
- 减少愤怒和沮丧。
- 提升处理问题的信心。

当我们放松身体的时候，
头脑也会随之放松。

腹式呼吸

学习腹式呼吸法，你需要一块表、一支笔和你的笔记本。首先进行正常呼吸，数一数你在60秒内呼吸的次数，把一次吸气和一次呼气算作同一次呼吸。记下这个数字。

一个处于放松状态休息的成年人，平均每分钟呼吸12—20次。一般来说，这个数字越大，你可能感到的压力就越大。减轻压力的一个方法就是放慢呼吸。花点时间让自己平静下来，然后将注意力集中于放慢你的呼吸速度，目标是每分钟10—12次。

你呼吸得越长越慢，越能激活你的副交感神经系统，关闭更多的交感神经系统，这就意味着你会变得更加放松。你正在用休息和恢复反应去替代战斗或逃跑反应。就是这么简单。

一旦你学会了放慢你的呼吸速度，就可以看看你的呼吸方法了。大多数人都是很浅的胸式呼吸，也就是说，他们的肺里只有一部分填满了空气。这并不是让氧气进入我们身体的最佳方式，当我们感到压力时，胸式呼吸会频繁发生，实际上它会使情况变得更糟。

许多主要的健康问题都与低氧水平有关，所以我们需要解决这个问题。

如何进行腹式呼吸

腹式呼吸可以让我们有节奏地、高效地呼吸，这样可以防止我们的应激反应失控并拽着我们一起失控！腹式呼吸的感觉很好，它是免费的、随时随地都可以使用的，而且没有任何副作用。在参加重要的会议之前，或者快要迟到、遇到堵车、进行一场艰难的谈话时，腹式呼吸都是非常有帮助的。保持冷静和自控，在任何时候都是很有意义的。

想要做到这一点，只需要遵循下一页介绍的三个步骤。

小建议：你或许可以使用一个特殊的 APP 来帮自己调节呼吸节奏。

要用呼吸来缓解压力，有三个必须牢记的关键点：

1. 注意你的呼吸频率，然后放慢它。
2. 感觉把空气吸入你的腹腔，而不是你的胸腔。
3. 呼气的时间要比吸气的时间长。

1 一只手放在胸上部的位置，另一只手放在腹部。用鼻子吸气，有意识地努力把气吸进腹部而不是胸部。为了做到这一点，你可以试着在吸气的时候把肚子顶出去，就像故意做出啤酒肚的状态一样。当你呼气时（最好是通过鼻子），让你的腹部自然地收缩。做的时候可以看着你的手，这会有所帮助：你放在胸部的手不应该发生移动，但是放在腹部的手应该随着每一次呼吸轻轻地起伏。可以把你的肚子想象成一个不断充气和放气的气球。

2 设置一个计时器，在接下来的 3 分钟内将全部注意力都集中在腹式呼吸的轻柔起伏上。

3 通过改变呼吸节奏来进一步减压。延长呼气的时间，使它比吸气的时间长。先向腹部吸气并数到 4，然后从腹部呼气并数到 6 或 7。这样呼吸 10 次。你可以根据当前的舒适程度来改变吸气的时长，但最重要的是延长呼气的时间。

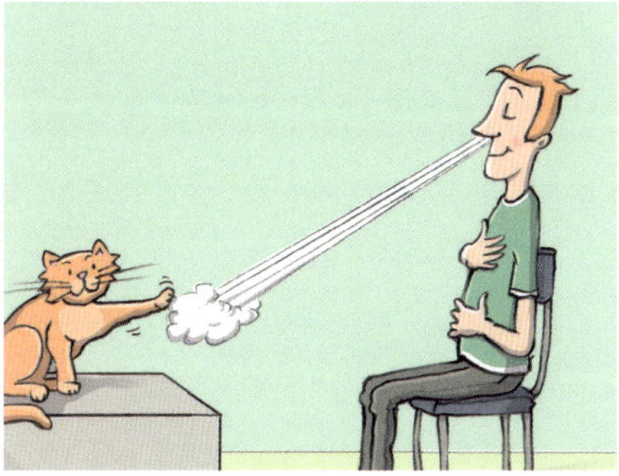

如何
放松
松弛的肌肉

渐进式
肌肉放松法

渐进式肌肉放松法（progressive muscle relaxation，简称PMR）已被证实，既能减轻压力症状又能缓解失眠。通过绷紧肌肉，我们模拟了身体对压力和焦虑的生理反应；然后通过放松肌肉，将身体从应激反应中解脱出来，让休息与恢复的神经系统掌握控制权。

如何练习渐进式肌肉放松法

这或许是个好主意：在你还没熟记这个方法之前，让别人把详细的步骤读给你听，或者在电子设备上录下来然后回放出来（请将你的电子设备调至飞行模式）。

1 找一个温暖、安静、光线柔和的地方。舒服地坐在椅子上，双脚平放在地板上。如果你想在结束练习之后就睡觉，你可以选择躺着进行这个练习。

2 现在，请按照顺序完成下面的每一步。基本上，你要做的就是让身体从头到脚的每一块肌肉先紧张再放松。练习的时候，让每个肌肉群保持紧张状态 5 秒钟，然后再放松 10—15 秒。在切换每组肌肉时稍作停顿。吸气时收缩肌肉，呼气时放松肌肉，不过记住，要去紧绷但不要拉伤。每当你放松的时候，你唯一要做的就是去注意肌肉的感觉有哪些不同。

- 手握拳攥紧，并将力度延伸至手臂。保持收紧，注意那种紧绷感……然后放松。注意你的头部和手指上突然的松弛与轻松感。
- 现在弯曲你的肘部并绷紧肱二头肌，让双手放松。保持住，然后再放松。
- 伸直手臂，收紧上臂后侧的肱三头肌。保持住，然后放松。
- 现在扬起眉毛，皱起额头。保持住，然后再放松。想象你的前额肌肉在放松时变得光滑和松弛。
- 让你的两条眉毛相互靠拢，就像是在皱眉一样。保持住，然后放松。
- 眯起双眼，让眼周围的肌肉紧张起来。保持住，然后放松。
- 咬紧牙齿，收紧你的下巴。保持住，然后放松。
- 紧闭双唇，把舌头绷直并贴紧上颚，注意到喉咙的紧绷感。保持住，然后放松。
- 把你的双唇紧紧贴在一起，就像噘嘴那样。保持住，然后放松。
- 将头尽量往后仰，或让头尽量去靠着椅子。保持住，然后放松。
- 用下巴靠近前胸，去感受脖子和肩膀后面的张力和紧绷感。保持住，然后放松。
- 耸起肩膀，收紧你颈部和肩部的肌肉。保持住，然后放松。
- 现在，深吸一口气再吐气。注意紧张和松弛之间的对比，让每一块肌肉都放松，什么都不要想，只想着放松时的愉悦感。
- 深深地进行一次腹式呼吸，然后收紧你的腹肌。想象你正在试着让肚脐贴近脊椎。现在释放你的呼吸并放松你的肌肉。去体会那种释放带来的放松，感受一股放松的力量从你的腹部流过。
- 把你的意识带回到背部肌肉。当你慢慢吸气时，微微拱起背部并收紧这些肌肉。保持住，然后放松。

- 伸直双腿，逐渐收紧臀部肌肉。保持住，然后放松。
- 把脚趾向下压，以此来收紧小腿肌肉。保持住，然后放松。
- 把你的脚和脚趾向上抬，使你的胫部收紧。保持住，然后放松。
- 闭上眼睛，继续平静而有节奏地呼吸，让你的腹部轻柔地起伏。
- 大约 1 分钟后，慢慢睁开眼睛。你会注意到自己感觉非常平静和放松，就好像是刚刚打了个盹。享受此刻的感觉，然后，带着这种平静开始你的一天或进入梦乡。

何时练习渐进式肌肉放松法

- 早晨——这能使你更为专注，让你能够更好地开始新的一天，尤其是当接下来的一天非常有压力时。请注意，如果你一直在害怕或者回避一些事情，PMR 会让你以一个正确的心态来对待它们。
- 白天——PMR 可以缓解由于人际关系问题或是身体上的疾病，比如头痛、紧张甚至消化不良等所造成的紧张。
- 回家之前——PMR 可以让你把一天的压力都从身体上卸下，从而使你的压力计降温，减少你被家庭或晚上发生的事情触发压力的风险。
- 睡觉前——使用 PMR 来训练你的身体，让你得到最好的夜间休息。

关于压力的生活启示

⑥烹饪的启示

马修·约翰斯通

一天，我的一个好朋友给我打了个电话：“嘿，马特（昵称），你好吗？”

我本来不应该接电话的，因为我当时的情绪很糟糕，最后的完成期限迫在眉睫，我感到手足无措。

我说：“事实上，我感到自己压力很大，朱迪！”

听我这么一讲，她平静地说道：“嗯，你知道的，你说自己是什么样你就是什么样的。”

我有一点生气，问她：“这是什么意思？”

“嗯，如果你说你‘压力很大’，那么你感受到压力的可能性就会很大。所以，试着慢慢地、平静地做一个深呼吸，然后大声说：‘我很平静，一切都很好。’”

于是我嘟囔着试了一次，有气无力、含含糊糊的。

“好好做！”她命令我道，我照办了。

这样的呼吸和话语就好像断路器一样发挥了作用。

我意识到她是非常正确的。一直以来，我可能像是在小火慢炖“一锅压力汤”一样，慢慢累积着自己的压力。

感谢上天赐予我们要好的朋友、深深的呼吸和坚强的爱。

故事的道理

你不必成为你所认为的样子。

如何消除压力

压力作用在身体上可以表现为头痛、脖子僵硬、肩膀紧张、背部疼痛等。经过了漫长的一天，许多人都想躺下来好好享受休息的时光，但如果我们的大脑还处于忙碌中，想要真正放松就不那么容易了。接下来8分钟的伸展运动可以帮助你释放紧张感，让你的身心在睡觉前或忙碌的一天来临前得到放松。每当你需要让自己冷静下来的时候，它们就会完美地发挥作用。

布偶式

站立时，双脚与臀部同宽，膝盖微微弯曲。向前俯下腰，两个前臂交叉并抱住手肘，让你的肚子去碰触你的大腿。放松你的脖子，这样你的头就会垂下来。保持这个动作进行8—10次呼吸，然后沿着脊椎的每一个关节缓慢地抬起身。

（2分钟）

记住，坚持训练是让你的身体慢下来的关键。

颠倒式

躺下，把你的双腿伸直靠着墙壁（或者靠在你的床头上），在墙壁和你的臀部之间留一些空间。如果这个拉伸对你的腿筋来说太过剧烈，可以让你的臀部离墙更远一些。把手臂靠在身体两侧放松，手心向上，轻轻地呼吸 8—10 次，感受腿部后侧的拉伸。

扭转式

伸直你的右腿并弯曲左腿坐着，可能的话让左腿交叉跨过右腿。把左手放在尾骨后面，支撑在床上或地板上；右手或右肘部放在曲起的左膝上。保持脊柱挺直，呼气，然后轻轻将身体向左扭。让你的视线跟随着身体，从左肩看过去。动作要轻柔，不要拉伸过度。深呼吸 4—5 次，然后回到中间位置，在另一侧重复这个动作。

婴儿式

舒适地坐在你的后脚跟上，脚背平放，脚底朝上。将身体向前弯曲，让前额贴在你面前的床或地板上，把整个头部的重量都靠上去。在你觉得舒服的范围内，胸部尽量往膝盖的位置上靠，双臂向前伸展，缓慢地呼吸 8—10 次，然后在这个姿势上保持放松。

正念呼吸

这是我最喜欢的冥想方式之一，也是我在外出或者准备演讲之前的首选活动。呼吸是一个非常可靠的意识对象，它还是一件你在任何地方都会做的事情。这个很好的方法，可以让你在任何时候都能够悄悄地进入正念状态而不会引起任何人的注意。

如何练习正念呼吸

使用这本书中介绍到的每一个正念练习方法时，最好让别人把具体步骤念给你听，或者自己先用一个电子设备录下来，然后再回放出来（电子设备处于飞行模式下），进行练习。

1 让自己处于一个舒服的状态，但要保持警惕，可以挺直腰坐着，也可以仰卧。双手保持放松，可以放在大腿上，也可以放在身体两侧。设置一个至少5分钟的计时器。

“当你能够拥有你的呼吸时，任何人都无法偷走你的平静。”

匿名

2 如果可以，请闭上你的眼睛；如果不行，就放松你的眼睛。

3 花一些时间，意识到自己的呼吸。注意呼吸的频率，感受空气在你身体里的流入、流出。不要试图改变任何事情，只去感受你的吸气和呼气。

4 从三个不同的方面关注自己的呼吸，每个方面大约 1 分钟。首先，感觉通过鼻子（也可以是你的嘴巴）进行呼吸时，这个部位的状态。同时注意呼吸时鼻孔的细微运动，以及呼气时体温的轻微升高。其次，关注呼吸时胸部的起伏。感受肋骨的扩张，吸气时身体与衣服的接触，呼气时胸部的收缩。最后，当你吸气和呼气时，观察腹部的起伏。注意，当你吸气时你的腹部应该会鼓起，而当你呼气时它会慢慢收缩。

5 在剩下的时间里，选择上面三个方面中你最容易集中精力进行的一个。最大限度地关注每一次呼吸，从吸气开始一直到呼气结束。注意每一次呼吸都是自主发生的，不需要任何刻意的努力。不要试图去控制你的呼吸，只需要去注意每次的呼吸是深还是浅，是快还是慢。

6 用不了多长时间，你可能会注意到自己的意识开始游离到过去或未来的思绪中去，勾起了一些回忆、恐惧或是遗憾。你的注意力可能先是停留在对自己或某件事情的评判上，然后又转移到对下一个活动的预期中。一旦你意识到注意力发生了转移，就请有意识地引导它回到你的呼吸上，而不要做出任何评判。

如果（且只要）你发现自己很难集中注意力，就在每次吸气和呼气时在脑海中同步默念“吸气”和“呼气”这两个词。虽然我们希望你能把精力都放在感觉而不是文字上，但如果你是刚刚开始或者大脑特别忙碌的话，这也会有所帮助。

在这5分钟的时间里，你可能会多次走神——这是意料之中的事情。当务之急就是在走神的时候把自己的思绪抓回来，然后再温柔地把注意力拉回到你的呼吸上，而不去评判自己做得有多好或多差。无论发生什么事，你都要保持正念！

何时练习正念呼吸

我们建议你在每天的固定时间段进行练习，使用你喜欢的方法至少练习 5 分钟。1 周左右后，你会渴望这段时间。如果你的生活特别忙碌，你也可以在一天当中被特定的事件触发时，将注意力全部集中在呼吸上。

你可以把正念呼吸练习安排在：

- 早上醒来的时候。
- 锻炼的时候。
- 等红灯的时候。
- 等待别人接你的电话时。
- 走路的时候，或者等待的时候。
- 排队的时候。
- 睡觉之前。

友好的手

如果我们正经历身体上的紧张和思想上的僵化，那么我们的意识正聚焦于应付问题而不是蓬勃发展。通过触摸的力量对自己表达善意，是一种已被证实的、可以减少压力的方法。身体接触是一种非常重要的护理方式——想想我们是如何触摸婴儿、孩子或老人的。

如何向你自己伸出友好的手

1 找一个安静的、让自己感到舒适的地方。身体坐直，保持放松，进行几次缓慢的腹式呼吸让自己平静下来（第 115 页）。

2 首先，请注意你的身体。注意任何身体上的感觉、想法或情绪。不要试图改变它们，只需要注意到它们的存在，让它们自由地来去。

3 选择你的一只手，想象这是你所爱的人的手，它让你感觉自己很不错、被爱着、被关心着、被理解着。这个你所爱的人可能来自遥远的过去，比如你的祖母，或者是现在你生活中存在的某个人。想象你和这个人在一起时的感觉。

4 慢慢地、轻轻地把这只亲切的手放在你身体上触觉和感觉最强烈的一个部位。如果你身体上有某些地方感到麻木，你也可以把这只手放在那里。如果这样做没有什么感觉，就把这只手放在你的胸口上，让你的心平静、安定下来。

5 让这只亲切的手，慢慢地、轻轻地放在你的身上——不需要迫使什么事情发生，只需要去感受这只手在接触你的皮肤或衣服。感受温暖从你的手掌心流向全身和那些不舒服的地方。想象这只亲切的手是一只治愈的手，你的心也是柔软和开放的，让你能够善待自己。

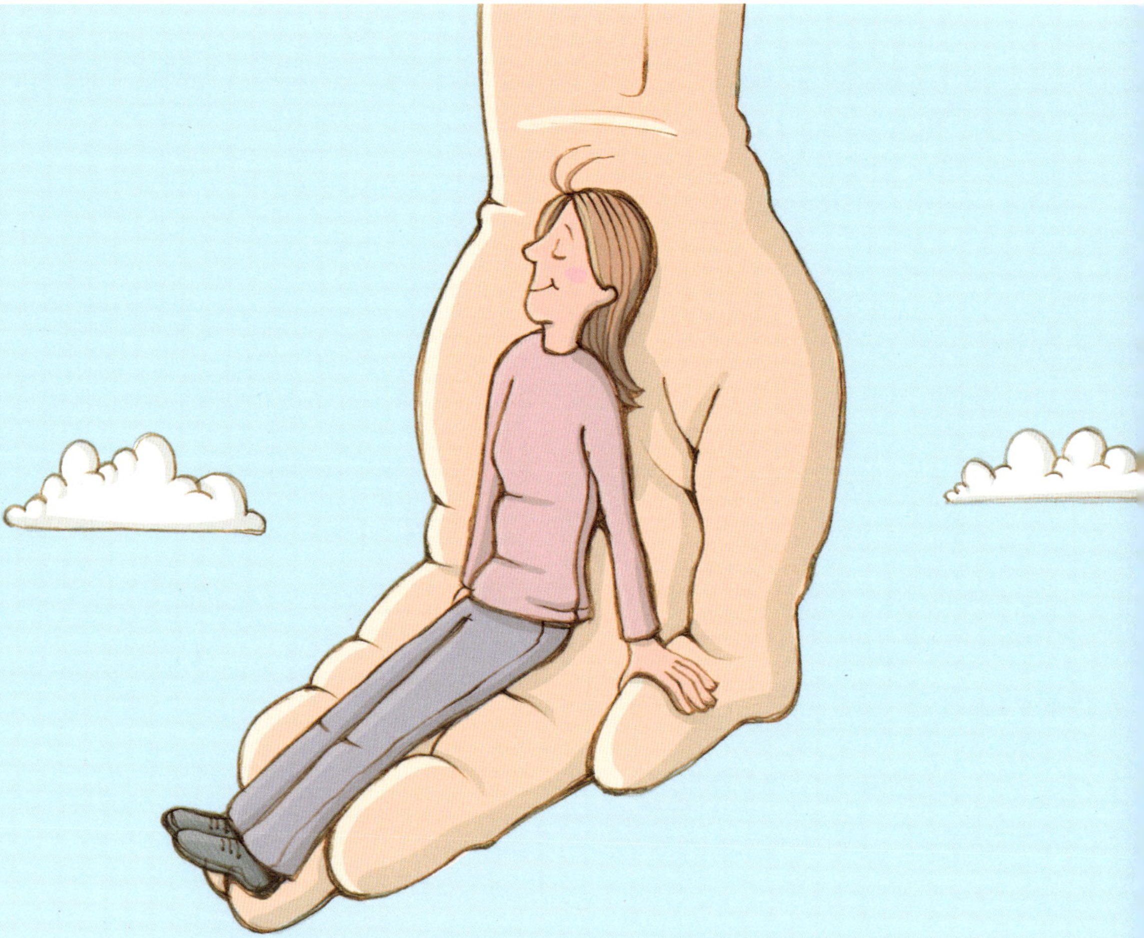

"在做出人生重大决定之前，
做一些放松的事情不失为
一个好主意。"

保罗·柯艾略（Paulo Coelho）

6 继续让这只亲切的手温柔地放在你的身体上，让自己接纳这份温柔。你也可以慢慢地把这只手移动到身体其他需要关爱、需要善意的地方。感受爱的暖流穿过你的身体。意识到柔软和释放的发生，以及它们所创造的新的广阔空间。

7 几分钟之后，做最后一个善意的动作。将一只手放在胸部，另一只手放在腹部，就像进行腹式呼吸那样。将你的双手轻轻地放在那里，同时对自己进行善意的思考。像这样，你想坐多久就坐多久——可以是5秒，亦可以是5分钟。你甚至可以躺下来。

8 当你觉得是时候了，就可以让自己回到当下，用一种更为友善、柔和的眼光来看待自己，更好地去接纳自己现在的样子和当前面临的情况。

通过触摸来传达爱的善意表达了一种我们为自己守候的意愿——给予自己关注、安慰和支持。你可以随时随地为自己做这件事。

应对性陈述

当所有问题都爆发的时候，应对性陈述（coping statement）可以帮助你在压力产生的那一刻管理好你的应激反应。它使用简单，易于回忆而且非常有效。你只需要记住两个步骤：

第一步

扼杀当前的想法

一旦你注意到任何错误思维的产生，请马上把它冻结，坚定而温和地对自己说：“停下来！这些想法对我不好。它们既不健康又对我没有帮助。我已经决定要朝着更好的方向前进，并且学会了以不同的方式去思考问题。”

第二步

选择一些应对性的陈述

从下面的内容中挑选一些对你有帮助的应对性陈述。对着自己一遍又一遍地重复它们，直到你感觉自己的情绪重新恢复平静——每次重复都会减慢你的呼吸。你也可以把它们写在一张卡片上随身携带，它们

STOP
应对性陈述

很值得你这样去做。

压力靠近时的应对性陈述

- 我一定会没事的。我要冷静下来、放松一下，一切都会好起来的。
- 现在我感到有点压力，但压力不会永远持续下去的。当前，我要集中精力去做身边的其他事情。
- 我现在感到有点压力。那又怎样？这不是第一次了。我要学着放慢呼吸，继续前行。
- 它会过去的，它总是会过去的。

压力来临时的应对性陈述

- 我以前可以做到，这次我也可以。
- 当一切都过去的时候，我会很开心自己做到了。可能过去之后我还会产生不错的感觉呢！
- 目前这可能看起来很困难，但是随着时间的推移，它会变得越来越容易的。

压力崩溃时的应对性陈述

- 我可以做到在感到压力的同时依旧专注于做自己需要完成的事情。当我能够集中注意力在当前的事情上时，我的压力水平就会得到降低。
- 我不需要去抗拒我的感觉。它们不会停留太久的。我会为它们留些空间，然后看着它们一一离开。
- 现在，事情看起来似乎无法应对。这次我让自己陷入了僵局，不过也没什么大不了的。我会把自己的注意力从这些事情上转移走，一点一点地前进，崩溃的感觉终会消失……

> “你比你所坚信的更勇敢，比你所展现的更坚强，也比你认为的更聪明。”
>
> A. A. 米尔恩（A. A. Milne）

如何停止过分担忧

担忧纯粹是一种消耗脑细胞的行为，会让你的脑袋变得非常沉重。不幸的是，当我们有压力的时候，我们会一整天都忧心忡忡，感到精疲力竭。此时，生活是没有任何乐趣可言的。在这种情况下，留出一些“忧虑专属时间”可能会对你有所帮助。

第一步

规划你的忧虑专属时间

首先选一个特定的时间、地点和持续的时长来担忧（比如，下午5点，在我的办公室里，持续时间为20分钟）。刚开始的时候，你可以把它写进你一周的日历里。不过需要注意的是，请不要把这段时间安排得离你睡觉的时间太近。

第二步

推迟你的忧虑

一旦你意识到自己出现了担忧情绪，请尽快抓住它并将它推移到规定好的忧虑专属时间里去。只用几个简单的字，把你担心的事情写在你的笔记本或电子设备上。提醒自己，一会儿你会有时间来考虑这件事情，所以现在你没必要再去担心。

第三步

遵守你的忧虑专属时间

在你计划的忧虑专属时间里，回顾你所担心的事情。当忧虑专属时间来临时，坐在预先安排好的地方，回想一下你之前写的那些烦心事，只去担心那些你觉得有必要担心的事情。如果你列出的某些或全部的担忧都已经不再让你感到困扰了，或是看起来已经不再那么重要了，那就让它们翻篇，保持继续前进吧！不要为了担忧而担忧——我们可是正在试图改掉这个习惯呢！

第四步

分析你的忧虑

对每一个还在困扰着你的担忧，在你的笔记本上写下以下问题的答案：

- 到底是什么使你担忧？为什么？
- 如何解决这种担忧？
- 对于这种担忧，你可以向谁请求帮助？

要记住，把这些东西写下来可以使我们进入大脑中逻辑和理性的部分，使我们更有可能解决这些忧虑。它还会帮我们将这些担忧的想法赶出我们的大脑，让我们如释重负，告诉我们这些担忧不会永远缠着我们。

第五步

知道你一定会成功

你会很惊讶地发现，通过练习，人们可以将许多担忧的情绪推迟，并对自己的思维有更大的掌控权。

最后还有一点想法：如果你确实在忧虑专属时间以外产生了担忧，试着不要太在意！你不可能一开始就做得完美，或者一直都做得完美，但是怀有美好的意愿、持续努力，一切总会朝着更好的方向发展。这对你来说会有什么损失呢？除了可能会损失一些担忧和烦恼吧！

关于压力的生活启示

⑦小饰品的启示

马修·约翰斯通

与其说这是一个有关压力的教训，不如说它是一个我非常喜欢的缓解压力的方法。你现在可能已经知道，压力是一个鬼鬼祟祟的情绪上的无赖，它隐藏在精神和身体上。它会悄悄靠近我们，在我们察觉之前，让我们像捕鼠器一样被触发。我们总是向同事、爱人抱怨不能好好睡觉、好好吃饭，容易做出糟糕的决定，等等。

如果有一个简单的装置，每当我们看到它的时候，它就会提醒我们去检查自己在压力计上所处的位置，并采取措施为我们创造平静，这不是很棒吗？

下面向大家介绍无压力橡皮筋！它太简单了，甚至有点儿蠢蠢的！

这个结实的橡皮筋有一个特点我很喜欢，那就是它形象地比喻了心理韧性（psychological resilience）：当被过度拉伸时，它能恢复到原来的形状。它不仅很好地显示了弹性，而且它便宜、容易获得。

如果你担心橡皮筋放在身上和你的穿着不搭，你

也可以把一两根别在你视线范围内的其他地方。

但如果你准备把一两根橡皮筋绑在身上的话，它可以作为一个很好的视觉提示和身体提醒，让你时刻密切关注自己的压力。

如果你发现自己因为某件事情而恼羞成怒，只需轻轻弹一下橡皮筋

（不要太用力），就像是你的身体在告诉你“快停下来！”；然后——这是非常重要的一步——进入“正念时刻”几分钟，你只需要：

1. 暂停你现在正在做的事情。
2. 用 5—6 次深深的、缓慢的、平静的呼吸让自己集中精力。
3. 观察你此刻的感觉（不去评判）。
4. 检查你的姿势。
5. 站起来，好好地舒展身体。
6. 或许做一些别的事情——看看窗外，透透气，泡一杯茶，和别人聊聊天，做做正念练习（不要查看手机或刷社交媒体）。
7. 然后，再安静地回到你刚才正在做的事情上来。

我们已经有“你还好吗日”[1]“大胡子月”[2]“世界精神卫生日”[3]等，那自然还能再来一个“国际无压力橡皮筋宣传日（Stressless International Rubber Band Awareness Day）”，或者用缩写名字“SIRBAD”（可能还需要再斟酌一下？）。当压力发生时，我们越能认识它、拥抱它、阻止它，它对我们（以及我们周围的人）的身心健康所产生的影响就越小。

故事的道理

橡皮筋可是很好用的。

---

❶ 译者注：英文为 R U OK Day，由澳大利亚自杀干预非营利性机构 R U OK 提出，定于每年 9 月第二个星期四，倡导人们通过问候、聊天等形式去帮助那些情绪不稳定、深陷抑郁痛苦之中的人们。

❷ 译者注：英文为 Movember，是由澳大利亚英语的 mo（小胡子）与 November（11 月）两个词结合而来。该活动于每年 11 月举办，旨在呼吁社会各界关注男性健康。

❸ 译者注：“世界精神卫生日”是由世界精神病学协会（World Psychiatric Association, WPA）在 1992 年发起的，时间是每年的 10 月 10 日。

我爱死
你了！

杰夫的故事
学会接受

我们经常会做各种尝试来改变我们的处境，但是我的一个客户用事实证明了，学会接受当前的处境就可以改变它。

杰夫总是会有点紧张（对于律师来说这很典型），但在连续几次的咨询中，他对自己的女儿都表现出深切的担忧——他的女儿在最近的几次学校假期中，开始和不同的朋友出去玩。

杰夫的女儿做着典型青少年做的事情——经常出门、把父母当用人、把家当旅馆。她从不告诉杰夫她要去哪儿；如果问她，她会非常不耐烦。杰夫很担心女儿会忽视学业，分数会因此下降，害怕她和“错误的人”交往，会因为同辈人的压力而做出一些她通常不会做的事情。即使在白天，当杰夫处于工作状态时，他发现自己的思绪也总会被拉回到女儿的身上，这意味着他在工作中会出错，并且所有的事情都要花更长的时间去完成。

我和杰夫聊到，他需要去练习“接受”自己的思想和感受。起初，他发现自己很难忍受那些令人担忧的想法（比如预测命运和灾难化），也很难去单纯地观察自己的情绪。他通常会反复纠结，考虑所有的负面因素，过一段时间之后，他会告诉自己不要再去想女儿的事情了。

通过观察自己的想法，杰夫注意到他会感到恐慌，呼吸变得短促，思想也陷入了一个死循环。但是他知道，通过练习接受，他就成了这些感觉、思想的观察者。只要让它们待在那里，他就能与之保持足够的距离，不再给它们投喂并让自己冷静下来，从而最终想出一个明智的方法和他的女儿相处。

重要的是明白练习接受不等同于放弃。这只是第一步，然后我们就能够做出深思熟虑的反应，而不是依靠本能。因为不自主的行为通常是行不通的，尤其是对青少年来说。在这个例子中，接受并不意味着杰夫在他女儿的问题上放任自流，而是这样做可以停止他的消极思想循环，为创新思考和解决问题创造了空间。

学会自我关怀

自我关怀是管理压力对情绪的影响的一个最重要的工具。如果我只能让我所有的客户都好好学习一项技能，那一定是这个。原因很简单：当我们错失了一个目标或是对所做的事情感到失望时，我们就会开始讨厌自己。

这通常表示我们不会好好对待自己，很多时候我们会进行消极的自我对话或是逃避对我们有益的事情，而这两种方式都会使我们的情绪更低落。当我们情绪低落的时候，我们可能会变得更暴躁易怒（你是否曾经在已经背负了很大压力的情况下，和伴侣发生争吵？），或者是选择速效、一时的方法来提升自己的情绪。

这就意味着我们可能会暴饮暴食，没完没了地看电视，在社交媒体或游戏上浪费时间，或者用药物和酒精来麻痹我们的痛苦和失望。最初的一个小错误可能很快就会对我们产生更大的坏影响，尤其是当这种应对方式成为一种习惯时。

懂得自我关怀的人在犯下轻微错误的时候，会用善意和理解去对待自己。自我关怀就是在必要的时候放弃我们的高标准，并且理解我们作为人类都是会犯错的——我们不可避免地会时不时地让自己或他人感到失望。自我关怀的美妙之处在于，当我们付诸实践时，我们会让自己成为更好的伴侣、父母、朋友、同事等。

达到自我关怀的三个步骤

自我关怀唯一的困难之处在于，要记住去实践它。这三个简单而重要的步骤，来自著名的自我关怀研究者克里斯廷·内夫博士（Dr. Kristin Neff）的著作。

第一步

实践自我善意

此刻，请用善意对待自己。记住，人是会犯错的；我们都会犯错，且一直都会。

第二步

记住我们的共性

每当我们犯错、疏忽或是被拒绝时，我们总会感到孤独，觉得只有自己在受苦。但是事实上每个人都会经历挣扎。忍受错误带来的痛苦，经历伤痛、愤怒和失望，是全人类都会遇到的。

第三步

练习正念

在这种时候，运用你的正念技能非常重要。它让我们能够承认自己的感受，并不会被其压倒。正念可以帮助我们注意到正在经历的感受，并默默为这些感受命名。去接受它们吧！不要试图压抑它们——忽视自己的感受不可能让我们更有同情心。同时，通过注意和命名这些感受，我们实际上可以获得一些空间来客观地看待它们，而不是被它们吞噬。

如何练习自我关怀

拿出你的笔记本。

1. 想象一个你犯错的情形

比如，我最近犯的一个错误是："我忽略了我的另一半对经济情况的担忧，还把她拽到我的问题上来。"

2. 写下你在此情形下对自己说的话

比如，我是这样对自己说，或者我事后是这么想的："为什么你总是一个考虑不周、令人讨厌的白痴呢？"

3. 用一个更为自我关怀的方式把这条信息重新写下来

比如，这个更为自我关怀的考虑方式是："有时候你会犯错，你也不会总是那么温暖、给人支持，特别是当你承受压力的时候。但是，你并不因此就是一个糟糕的伴侣。"

自我关怀需要一段时间来适应——刚开始你可能会觉得友善地对待自己、接受自我似乎有点奇怪。但是，如果你在接下来的几周内感到了压力，请尝试着用更温柔的方式对自己说话，并使用其他自我关怀的技巧，比如伸出友好的手（第 127—130 页）。你也可以尝试给自己喜欢的事情留出一些时间（而不只是为担忧留出专属的时间！）。记住，你可以选择去享受生活而不只是过生活。

小建议

- 留意诸如“应该”“必须”“总是”“从不”这样的词，因为你可能会过于苛刻地评价自己，或者对自己有不切实际的高要求。或者你正在犯一个思维的错误（第 65—66 页）？
- 想象一下你是如何与亲密的朋友或家人说话的，然后试着这样对自己说话。

随缘行善

我们每个人都可以通过随机的善举来提高我们的健康和幸福水平，降低压力水平。如果我们行善的时候有别人在围观，那我们实际上也提高了他们的幸福感——哇，简直一举两得！最棒的是，我们可以在任何时候做这件事。

为他人做一些好事，会给我们个人带来很多的益处，这些都是经过证实的，包括：

- 提高对生活的满意度，形成乐观的情绪和改善人际关系。
- 改善免疫系统。
- 提高思考的能力。
- 增加能量。
- 降低心率和血压。

◆ 平衡皮质醇水平。

◆ 减少焦虑和抑郁。

你可能会想，既然有这么多惊人的好处，我们就应该随时随地去做好事。那究竟是什么阻碍我们这样做呢？是骄傲，是害怕显得软弱，还是不确定做什么或什么时候去做？这些都很容易解决：你现在就可以去做一些善事。

如何随缘行善

我的个人经验告诉我，当你在为别人做好事的时候，你真的很难有不好的感觉。试着做以下事情：

- 给你认识的人甚至是陌生人一点赞美。
- 给正在生病的人打电话问候一下，或者去看望他们。
- 给你在乎的人写个小纸条，告诉他们你有多么欣赏他们。
- 给来访的生意伙伴提供一杯饮料。
- 买杯咖啡，给你的同事一个惊喜。
- 给一个陌生人送去微笑。
- 帮你的邻居把垃圾桶推进来。
- 把旧毛巾或旧毯子捐给动物收容所。
- 给一位值得被更多人赏识的同事发一封表达感激的邮件。
- 送给特别的人一束花。
- 免费赠送一些东西。
- 认识一些新同事的名字，并跟他们打个招呼。
- 送不开车的人一程。
- 让排队的人走在你前面。
- 把多余的零钱送给别人。
- 跟一个销售人员聊天，询问他感觉怎么样。

“得到的东西让我们生存，而付出的东西给我们生活。”

温斯顿·丘吉尔（Winston Churchill）

经验告诉我们，如果我们把承诺的事情写下来，我们更有可能做到。所以，拿出你的笔记本，用一张类似下面这样的表格来记录你随机的善举，每天或每周记录一次。同时记录下哪些东西是有用的，这些举动是如何影响你的情绪和健康的，以及它们是如何影响你周围的人的。

日期	我做了什么	结果是什么	我感觉如何	我学到了什么
6月27日	给一位同事买了咖啡	他很开心，感谢了我，还问我周末过得怎么样	感觉很棒，与同事增进了关系	相对于办公室和谐来说，一杯咖啡的钱真的不算什么

说声谢谢你

我们总是被告知要珍惜我们的幸福，要保持感恩、心怀感激，但有时我们就是不想这样做！当我们非常忙碌、压力很大的时候，或者生活中消极的事情多于积极的事情时，我们就经常会出现这种感觉。

然而，研究清楚地表明，表达感激对我们的情绪和身体健康有着奇妙的影响。它使我们感到更快乐、更合群、更乐观、更满足。它也有利于我们加强身体锻炼，成为一个更有效的管理者、社交者和决策者（甚至还可以促进你的事业）。感恩被称为“所有美德之父”，这一点都不奇怪，所以即使有时候我们会感觉无法做到感恩，我们也不应该忽视它的存在。

如何练习感恩

1. 日常感恩练习

现在花几分钟时间，在你的笔记本里写下你一天之内所发生的5件好事。它们不必是重大的事件，比如吃了一顿美食、和朋友聊天或是经历了一个艰难挑战，这样简单的事情就可以。在每天晚上睡觉前都写下5件好事，养成这样的习惯，这样你就能享受一个宁静、充满感激的夜晚。

2. 写一封信

想想那些对你的生活产生了重大影响的人，一个你想感谢的人或对你来说很重要的人。给他们写一封短短的信，从3个方面表达你的感激之情以及他们是如何帮助你的。

3. 说声谢谢

现在闭上你的眼睛，想一个你在日常生活中想要说声谢谢的人。试着去发现那些人经常做但又容易被忽略的细小举动，比如一位同事总是超出大家的期望，或是一个朋友随时愿意去聆听他人。写下两三个这样的人，并记录下为什么你想要感谢他们。

4. 写一篇感恩日志

每天花 5 分钟时间写一篇感恩日志（你可以在你的笔记本中完成），我们长期的幸福度就能增加 10%——这和我们的收入翻倍达到的效果一样。此时此刻，哪件事情对你来说更容易呢？

以下是专家们提出的记日志小建议：

不要给自己太多负担

一周只记 1—2 次就可以了，不给自己造成负担。

要深度而不是广度

针对一件事情写得很深入，要比肤浅地列出许多事情好得多。

个人化

写的时候要围绕这个人，而不只是事情。

考虑做减法

可以重点去记录，如果没有这些令人感激的事情，你的生活将会变成什么样子。

不要为了做而做

以快乐为目的可以让记日志的方法更加有效。

放下并前行

放下怨恨和痛苦可以让你更加靠近幸福、健康与平和。我们都曾被别人不经意间的言行伤害过——例如，你的伴侣目不转睛地看着其他异性，你被一辆车子抢了道，一个同事恶意破坏你的项目，或者你的母亲对你的育儿技巧妄加评判。

这些都会给你带来痛苦，还可能伴随着无休止的重演、精心策划和寻求报复，随之，你的应激反应也会被慢慢激活。很显然，这些造成的伤害，伤害的不是别人，而是你自己的健康。

宽恕是我们应该做的，但是，它不代表可以否认别人对伤害你负有责任。你可以在不为其行为举动找理由的前提下去原谅某人。

有两种类型的宽恕可以改善你的健康：

1. 决定性宽恕（decisional forgiveness）

这需要你放下对那个冤枉你的人的愤怒想法。第一步是回避他们，发誓不去寻求报复，这是真正有用的。但最终的目标应该是……

2. 情感性宽恕（emotional forgiveness）

我们用爱、关怀、共情和同情去取代所有有害的情绪——愤怒、敌意、仇恨、痛苦、怨恨和恐惧。这可能看起来像一座需要跨越的长桥，尤其是在受伤后不久，但它是能够让你痊愈的至尊法宝！

情感性宽恕可以带来：

- 愤怒、焦虑、抑郁和压力的减少。
- 更健康的人际关系。
- 更强的自尊心。
- 血压降低，心脏更健康，免疫力提高。
- 更好的精神和心理健康。
- 慢性疼痛减缓。

宽恕的五个步骤

如果你想要获得更多内心的平静，更少身体上的躁动，你可以用埃弗雷特·沃辛顿教授（Professor Everett Worthington）提出的"REACH"五步宽恕法来减轻自己的负担。

步骤一：回想伤害（recall the hurt）

客观地进行这一步，放下指责和自我伤害。

步骤二：共情（empathise）

试着想象一下那个冤枉你的人的视角。

我放下了
我的怨恨
伤害
愤怒
痛苦

步骤三：利他主义思想（altruistic thoughts）

回想一个你被别人原谅的时刻，以及你有怎样的感受。

步骤四：承诺宽恕（commit to forgiveness）

你要对自己说：“若非此时，更待何时？”

步骤五：坚持宽恕（hold on to forgiveness）

不要让被冤枉的想法一直纠缠你。

你可能需要进行几次尝试后才能达到想要的效果，所以从一些可控的人或事开始吧。这可比背负着每一个冤枉你的人给你施加的愤怒和痛苦艰难前行要好得多。当然，你也可以试试下面的宽恕冥想。

宽恕冥想

坚持宽恕的一个很重要的部分，就是放弃痛苦的想法并践行新的想法——这里，我们的神经可塑性可以使我们康复。想要做到这一点，一个完美的方法就是练习冥想。让我们在练习过程中所体验到的温暖、宽容和宁静促使我们去宽恕。

1 像往常一样，首先要让自己感到舒适但也保持警觉，挺直脊椎坐着，抑或躺下，双手放松。

2 把注意力集中在你的呼吸上——让你的大脑慢下来，直到它变得不那么忙碌。然后，随着每一次的呼吸，试着让自己变得温暖与宁静，抛却愤怒与怨恨。观察你的愤怒逐渐消失，你身体里纠缠的结被解开，你的紧绷感在温暖与宁静中被融化。

3 想想某个曾经给你带来痛苦的人，不管他或她是出于无意还是有意对你造成了伤害。现在就去宽恕他们——让你的大脑抓住宽恕的想法。如果刚开始你觉得很困难，那么可以在心里温柔地说："我原谅你。"在那一刻，尽你所能地去原谅他们。让那些怨恨的感觉消失。如果依旧心存怨恨，那么也请接受它。不要让情绪变得激动——此刻，你就在这里，一切都没问题。请保持耐心，让你的宽恕之心逐渐生长。请允许自己去原谅。放下你的骄傲和受伤感，放下紧紧抓着的怨恨。说声"我原谅你"，然后随它去吧。

4 对于那些给你造成困扰的人，尽你所能地给予爱的善意。请用适当的话语，慢慢地对自己重复："愿你拥有安宁；愿你拥有幸福；愿

你获得治愈；愿你能够觉醒，遇见轻松、真正的自己。”

5 现在，向那些你可能已经对他们造成痛苦和折磨的人请求原谅。放下内疚，放下羞愧，怀着一颗虔诚的心请求原谅。要明白我们都会跌倒，有时候我们并不知道自己的行为会对其他人造成怎样的影响，我们每个人都可能犯这样的错误。在吸气和呼气的过程中，放下你的悔恨和自我评判。放下那些伤痛，放开阻止你的心灵愈合的顽固堡垒。敞开心扉，

自我谅解。带着这种开放的新心态，向自己传递爱的善意。在心底去感受它，重复那些让你产生共鸣的友爱的话语：“愿我拥有安宁，愿我拥有幸福，愿我的心永远开放，愿我唤醒真正的自己。”

6 跟随你的呼吸，去关注那些同情的话语为你创造的意识。

4 时限，再见

如何做到事半功倍

在这一章节，我们会告诉你：

- 如何决定要去做什么、什么时候做、如何做以及为什么要这样做
- 如何做到事半功倍，或者只是做到了“事半”但勇敢接受它

人生不是只有工作

当今的压力管理通常涉及如何应对满满的计划安排、长时间的工作以及过于沉重的生活负担，但是也涉及不盲目地做很多事情，要主动去问问它是否真的会对我们产生好处。这一点可能比你在这本书中读到的其他方法更能帮助你解决压力对你产生的影响。

心理治疗师埃米特·米勒博士（Dr. Emmett Miller）建议，为了保证我们多做有用的事情，少做没用的事情，我们应该经常问自己几个关键的问题：

1 你长时间工作是因为对工作充满激情，还是因为对不工作感到害怕？

如果你很享受你所做的事情，尽管有时你可能也会感到很艰难，但它会让你对自我进行充电，给你收获。但也可能正好相反：它使你感到在进行自我消耗，给你枯竭感。这个问题的答案会影响你的精神和身体状态，从而影响你处理工作压力、家庭压力、金钱压力和起床压力的能力。

2 你在努力成为别人吗？你的工作给你的反馈是什么？为了接受自己，你需要做出多少努力？

你需要怎样做才能接受镜子里的自己？你有没有尝试过通过减少你的工作量明确你产生负罪感的程度？我敢打赌，这个结果值不高。

这些是很发人深省的问题。

我曾经有一个客户，他的建筑公司生意兴隆，市值数百万元，但他无法向自己（以及他的妻子）坦诚，他需要从没完没了的电子邮件和电话中解脱出来。最终，驱使他和妻子来到我面前的是这样一件事。有一天下午，他路过一个朋友家想停下来打个招呼，顺便看看朋友停在家门口的新车。这个想法很单纯，但是他却对产生这个想法而感到非常内疚，因为他已经提早为自己的想法做了标识。于是，他强迫自己编造了一个谎言，说自己其实是在“检查朋友家房屋的椽子”。

虽然这句话从他嘴里说出来的时候非常自然，但妻子知道他是在撒谎，而且这已经形成了令人担忧的模式。她其实根本不在乎他去了哪里——她知道他压力很大，想让他多休息休息，但是，由压力引起的不诚实让她担心，丈夫可能还在别的方面撒了谎。他们的案例中没有出轨，没有酗酒，没有赌博。主要问题就是，他不肯承认自己需要休息。这是不是很不可思议？

究竟有多少人每天盲目地跳上跑步机、工作到深夜、替同事打掩护、付出额外的努力、欺骗自己“我很健康”，然后又因此感到怨恨？这个过程中的哪些部分是有营养的吗？我们是否还在继续错过做出改变的时机？

我的研究结果和与客户打交道的经验告诉我，努力与回报之间没有自然的平衡。“时限，再见”这一章将告诉你如何去改变你与工作的关系，以及它会如何对你产生影响——这两个方面你需要同时去考虑。

关于压力的生活启示

⑧逛街的启示

马修·约翰斯通

当我还混迹于广告圈的时候，有一次我为了一个平面拍摄从纽约飞到了罗马。这听起来似乎很炫酷，但我们的时间安排异常紧张，客户还很难搞，让人觉得压力山大，所以，行程安排中也没有留出特定的闲逛时间。

我抵达的那天晚上，当地的天气温暖宜人，我挤出了一点时间想在附近迅速转转。刚走了几个街区，一种糟糕的时差感就开始向我袭来，让我感觉自己在“过别人的生活”，但我还是决定往前走。在一个小巷子里闲逛时，我遇到了一家很漂亮的手表店。我很喜欢手表，因为如果我能够拥有一种超能力，我希望那就是让所有人守时。

手表店有两扇大玻璃门。我走上台阶，拉了其中一扇门的把手，但门是锁着的。柜台后面有个店员正在看书，于是我敲了敲玻璃门。她抬起头，我问道：“你们什么时候开门？”听了这话，她一脸疑惑。我指了指我的手表，然后比画着去打开一扇想象中的门，同时口中念着“开门”这个词。看到我这个样子，店员用完美的英语回答了我：“我们店现在是开着的，门也是开着的。”

令我感到恐惧的是，我发现自己根本没有仔细看另一扇玻璃门——它是大敞着的。

我决定不进去了，因为她可能正在伸手去拿她的电击枪呢。

故事的道理

大脑里的信息并非一直可靠。

赢得与时间的战斗

我们一直在与时间赛跑，争取在有限的时间内把任务完成。这并不容易，但找出更多的时间也并不复杂。你可以：

- 减少你的工作量……就是这么简单。
- 意识到你可以完成更多的事情，当你停止认为自己不能的时候。
- 学习一下帕累托法则（the Pareto principle，即二八定律）：我们付出的努力的 20% 创造了 80% 我们想要的结果。请明智地选择把你的努力花在什么地方。
- 关注事情的开始阶段。
- 在一天开始的时候，首先去完成最难的工作，那么，你这一天剩下的时间就会变得非常轻松。
- 改善你与同事的交流和关系。
- 改善你实际的工作环境。
- 在现实生活中尝试去解决那些你感到困难的事情——你的身体和思想会因此发生改变，你会找到你想要的答案。
- 拥抱不确定性。
- 从一个小变化开始。

优先级和时间管理

如果你像我一样，当你的任务清单变得越来越长的时候，你会感到压力也越来越大。我甚至会因为看了一眼待办事项而不知所措，不知道要从哪里开始。然后，我可能会试着急急忙忙地完成一两件事情，但通常这样我会做得很糟糕，也就是说我还得重新做一遍。抑或我的做法完全相反——通过吃饭、聊天、刷社交媒体、清理吸尘器等来拖延去做这些事情的时间。这虽是两种自然反应，但会使我们的压力继续增加。

尝试使用以下技巧来处理你的任务清单：

- 列出所有近期必须完成的任务，先忽略那些未来两周之后的事情。
- 选择一个你不会被打扰的时间和地点去工作。把手机收起来——上面有能吸引你注意力的APP。
- 把大的任务分解成小的步骤。把较小的事项按照重要性排序。从最重要的小任务开始做起。直到完成了手头的工作，你再继续下一项内容。
- 在允许的情况下，请向你的老板确认你所列出的优先顺序是否正确。
- 完成一项任务，就把清单上的这一项画掉。你会惊讶地发现，那条穿过任务的黑黑的粗线是多么激励人心。不要错过那点小剂量的多巴胺。
- 合理地规划在特定时间段里（比如早上）能完成的工作。
- 每天下午或晚上留出10分钟时间，写下第二天的任务，按照重要性排序，并简要地说明该如何去处理。这一点你可以在你的笔记本上进行。
- 奖励你自己。每当你在任务清单上画掉一项工作的时候，考虑给自己一个有意义的小奖励来激励自己。

提醒你自己

- 不管你自己是否愿意，先着手去做。
- 你总是需要完成这些的，现在你就可以试一试。
- 随着你投入这些事项，你会感觉更好，就像在进步一样（这一点绝对屡试不爽）。
- 努力是先于灵感的！

IDEAL 问题解决模型

尽管按优先级排序会剔除那些不太重要的任务，但如果你能系统地对待每一项任务，第一次就把这些重要事项处理好，那么你一定可以跟压力说再见。

有时我们会纠结于去寻找一个解决问题的最好方法，其实我们可以考虑使用 IDEAL 问题解决模型。逃避问题或者忧心忡忡只会增加你的压力和不快乐，而有条理地解决问题则会减少你的压力。仅仅是因为这个，这五个简单的步骤就值得你学习：

第一步

I 发现问题（identify the issue）

在你的笔记本中，准确地去定义你试图解决的问题——只需要用一句简短的话。

提示：如果问题很复杂，把它分解成几个最基础的部分。

第二步

D 制订所有你可以采取的解决方案（develop a list of alternative actions you could take）

头脑风暴——记下所有你能想到的点子。发挥你的创造力并怀着一种开放的心态（先不要否认任何一个选项）。

提示：和其他人聊聊——他们可能会想到一些你没有想到的东西。

第三步

E 对每一个方案进行可行性评估（evaluate each possible action）

每一个方案的优缺点各是什么？根据你的倾向性将它们排序。

提示：问问你自己，是不是每一个方案你做起来都会觉得舒服？如果不是，你将如何改进这个方案呢？

第四步

A 选定一个方法并付诸行动（act on your chosen course）

选择一个（从目前来看）最好的选项，并付诸实践。

提示：要记住，你无法预测将来会发生什么，但是你可以反复检查并改变你的行为。

第五步

L 预测结果如何（look at how it turns out）

实践后，再决定你是否需要做出一些调整，或者选择另外一个行动方案。

提示：对结果进行客观的评价，不要过多考虑。

❶ 译者注：画家借用了全球著名的玩具及婴儿用品零售商“玩具反斗城（Toys‘R’Us）”的品牌名称。

目标管理的 SMART 原则

当我们被生活抛弃的时候，我们总是被告知要更有组织性或者设定更多的目标。但是，一旦你确定了任务的优先级，并选择了理想的 IDEAL 解决方式，那么，请制订一个明智的 SMART 原则的目标管理策略来确保你把任务完成。

目标管理的 SMART 原则

明确性（specific）——确保我们得到我们想要的。

衡量性（measurable）——知道我们得到了什么。

可实现性（achievable）——明确目标实现的可能性。

相关性（relevant）——使我们获得动力。

时限性（timely）——确保事情在正确的前进道路上。

SMART 目标设定的小建议

- 目标必须是能够达到的。从小的方面开始，一步一步实现你的目标。
- 避免使用一些不允许任何错误余地的词语，比如“永远”和“从不”。一个目标可以很有挑战性，但一定要是可以实现的。
- 不要把目标描述成你不愿意做到的事情。相反，你应该将注意力集中在你想实现的目标上。
- 要了解你的阻碍，同时要有一个精心设计的备用方案。

下一页中的表格给我们提供了一个 SMART 目标设定的例子，它可以使你养成一个健康的习惯并帮助你缓解压力。在这个例子中，SMART 目标管理需要经常性的练习。

拿出你的笔记本，针对你的具体目标回答以下问题。

拥有一个目标可能会让我们脱离自己的舒适圈，但它同时也给了我们前进的方向、意义和目标。

如何设定一个SMART目标

问题	解决方法
它够具体吗——我能否清楚地知道我想要实现什么，达到什么程度以及何时达到？	是的，我将在家附近一带每隔 1 天进行 1 次 30 分钟的散步
它可以衡量吗——我能否评估自己的目标进度？	可以，我将在日历上把每个要锻炼的日子标记出来，并在每隔 1 天的下午 6 点用手机设置一个提醒
它是可以实现的吗——它是否合理？（这个目标可以很困难，但它一定要有很大的实现的可能性）	是的，每隔 1 天还是可以做到的（考虑到我的工作量和家庭负担，每天 1 次的频率可能不太现实）
它是有意义的吗——它是否代表了一个我既愿意去做又能够为之努力的目标？	是的，我喜欢散步，它能清理我的大脑。我还喜欢跟我的狗狗待在一起，它也需要锻炼——这真的是一举两得
它有时限吗——我是否有一个时间规划，设定了一个目标日期以及一些重要的时间点，能确保目标能够顺利实现？	有。我计划先坚持 4 周，因为我希望经过这么长的时间它能变成一种习惯，我可以看到一些成效。在那之后，如果需要，我会修改我的计划来实现一些更大的健康方面的目标
我需要哪些资源？	舒服的鞋子、水杯、狗狗以及播放音乐的设备
可能遇到的障碍是什么？	我的目标是进行户外运动，所以如果下雨的话，就有可能无法完成。如果真的下雨，我会在家进行一些运动项目（比如，跟着视频或者听着我最喜欢的音乐去锻炼）

进行一次电子排毒

在你下一次乘坐公共交通工具的时候，看看周围的乘客。你会发现，即使不是全部，也有大多数人正盯着电子设备的屏幕。因为智能电子设备和社交媒体已经深入我们生活的方方面面，我们似乎忘记了它们其实才出现10年左右。它们对我们产生了巨大的影响——有好的方面，也有坏的方面。

从好的方面看，一切都更为唾手可得：我们可以很轻松地、没有限制地和别人联系，随时了解我们的工作进展、所爱的人和世界上发生的事情；买东西更是动动手指的事。但不好的方面也有，越来越多的人因为对手机和社交媒体上瘾而需要接受治疗。我们当中的重度患者每天查看手机的次数高达150次，每天触摸、敲击、打字和滑动的次数更是超过2500次。

我们很容易陷入一个搜寻多巴胺的循环，它不断地鼓励我们进行更多的搜索，我们也越来越难以停止查看手机。在多巴胺分泌的同时，我们的大脑在电子设备每次发出提醒时也会释放出少量的皮质醇，这会使我们压力的小火焰加剧燃烧。研究心理学家拉里·罗森教授（Professor Larry Rosen）说，这种不断地查看、更新、分享、点赞、评论和自拍，让我们感到焦虑。它让我们的大脑过度兴奋、模糊和疲惫。比尔·盖茨和史蒂夫·乔布斯看到了这方面的健康风险，严格限制自己的孩子接触科技产品的时间，直到他们完全进入青少年时期才允许他们使用手机。

我们这些“无手机恐惧症患者”（nomophobe，害怕离开手机的人）会把我们的电子设备带到任何地方，包括厕所和床上！哈佛大学的研究人员发现，我们的电子设备发出的蓝光会抑制褪黑素的分泌，从而打乱我们正常的生理节奏。这会干扰我们进入睡眠，影响我们的睡眠质量，还可能会导致严重的健康问题，比如2型糖尿病和心脏病。

虽然我们都知道智能设备、APP和社交媒体并不一定对我们有好处，但我们似乎无法停止对它们的关注。结果就是，我们总是感觉匆匆忙忙的，丧失了能力去专注地做一件事，无法去捕捉信息、去想象、去与真实的人

“我担心总有一天技术将超越我们的人际互动；那时，这个世界将是一个充满傻瓜的世界。”

匿名

进行有意义的交谈、去展望未来，只能处于被动中，变得无趣！

科技产品已经存在，而且它只会变得更智能、更美观、更快捷、更神奇。所以我们并不是建议你不去接触电子设备、不去学习莫尔斯电码，但是为了你的睡眠和身心健康，学会自我调节和减少与之接触是相当重要的。

如何隔绝电子设备

尝试以下几个简单的步骤：

- 下载一些帮你规范使用电子设备的 APP。
- 关闭提醒和通知——它们会让我们像被关在笼子里的老鼠一样惊惶。
- 每天留出一段时间，让自己完全脱离电子设备、APP、社交媒体和电子邮件。
- 如果可以的话，每天只在特定的时间查看社交媒体和信息。
- 通过少用高科技产品，来减少在家庭、社交圈子和工作群体中对电了设备的依赖。
- 在社交媒体上发布消息前请三思。你不需要去证明什么，不要拿自己和他人比较。如果你感到快乐，就去好好享受。
- 用打电话代替发消息。
- 与同事沟通时，用面对面交流代替发电子邮件。
- 如果你是老板，不要在工作以外的时间发邮件。
- 不要用你的手机当闹钟，因为它将是你睁开惺忪的睡眼之后看到的第一样东西。
- 把所有电子设备置于卧室之外。把你休息的地方当作睡眠的避难所。
- 当你出去散步或是吃饭的时候，把电子设备放在一边，关机或干脆放在家里。
- 享受没有电子设备的周末郊游或是度假。
- 找到电子设备的绝佳替代品，比如桌游、做饭、园艺或者散步。

关于压力的生活启示

⑨科技的启示

马修·约翰斯通

一个下着雨的星期天下午，我的妻子安斯利好心给我沏了一杯茶。当她把茶端过来的时候，我问她能不能从旁边的凳子上帮我拿一下我的手机。她先把茶递给了我，接着是我的手机，然而，手机奇迹般地从她手中滑落，直接掉进了我的杯子里。

当我从被茶水烫到的惊吓中恢复之后，我出现了轻微的恐慌。和许多人一样，我的工作和大部分的交流都依赖我的手机。我把它拎出来，用纸巾擦了擦，然后试着开机确保它还能工作。我很高兴，它活过来了……然后，它又死了。此处应有悲伤的表情包。

我感到十分窘迫。我该怎么办呢？上面有我所有联系人的联系方式。我还有许多重要的电话要打，有订阅的社交媒体需要查看……

第二天，出于习惯我去拿我的手机，但我突然想起它已经离开了人世。然后，奇怪的事情发生了。仿佛新的黎明到来，我被一种平静的自由感所征服。“没人能联系上我，我也联系不上他们！”我彻彻底底下线了。

在我的新手机到来之前的一周时间里，我过得非常好，我感觉好像睁开了自己被科技蒙蔽的双眼。我意识到，我和大多数 2—90 岁的人一样，已经变成了电子设备的奴隶。最让我震惊的是，多少次我的大脑和手会习惯性地寻找手机。

从我的角度来看，我对电子科技嗤之以鼻的做法一定是非常虚伪的。因为对我来说电子设备是非常有用的工具，它是充满智慧的创造，我也会经常使用它。但另一方面，它让我们变得越来越不智慧：我们的专注力在变弱，压力在增加，我们错过了很多机会去观察某个时刻并真诚地与之发生联结。

我知道这是真的，因为我从茶水里读到了。

故事的道理

生活不只有被“点赞”。

音量

5 负重，再见

照看好你的身体

在这一章里，我们将向你介绍：

- 如何进行健康管理，从而缓解你的压力
- 怎样进行正确的饮食、睡眠和锻炼，从而成为最好的自己

jumpy
scared
emotional
ANXIETY
panic
sweating
phobia
restlessness

不要让生活的重担压垮你

需要明确一下，“负重，再见”并不仅仅指减少身体的重量，而是你应该去做所有你可以做的去改善你的身体状况，减少你所感受到的压力。做好简单的事情，保持最佳的状态，让你在面对逆境、诱惑、不适时，在其他人面前也能从容不迫。这并不关乎完美主义，而是将最好的自己释放出来。

我们吃的东西可以帮助我们，也可以阻碍我们

因为体重成了我们健康的头号杀手，所以我们要用减肥秘诀来开启这趟健康之旅。这可能是你现在最不想读到的东西——我保证，我会下手轻一点。

首先，让我们来快速看一个直接摘自世界卫生组织的健康体重总结：

1. 减少对高热量值（千焦 / 卡路里）食物的摄入。

2. 减少摄取不健康脂肪和糖含量很高的食物。

3. 多吃水果、蔬菜、豆类、全麦食物和坚果。

4. 每周至少进行 150 分钟中等强度的运动。

但是，还有一些东西我们希望能添加到你的饮食中：健康的高脂食物，比如牛油果；天然的蛋白质来源，比如大豆；以及各种各样的种子，比如奇亚籽和亚麻籽。

我最喜欢的一句话是：“改变是接受的兄弟，不过，它是那个弟弟。”意思是我们必须接受现状，才能做

出有意义的改变。接受并不意味着喜欢或是想要保留它，而是我们意识到并接受现在的状态。这将使我们停止陷入羞耻感、自我否定和暴饮暴食的困境中。

压力会让我们超重

当我们处于压力状态的时候，我们可能会吃得很多，或是沉溺于高糖、高脂肪、高热量的安慰性食物中。研究人员认为，由于皮质醇在新陈代谢和脂肪存储中所扮演的角色，压力与体重增加之间存在着一定联系。英国最近公布的一项针对 50 岁及以上人群的研究发现，那些皮质醇水平较高的人往往体重、腰围的数值和体重指数（body mass index，简称 BMI）也较高。这意味着我们接触到的应激激素越多，我们体重相关的测量值就会越高，英年早逝的风险也就越大。

体重会影响睡眠，反之亦然

研究表明，每晚睡眠不足 5 小时的人患肥胖症的概率要高出保持正常睡眠的人 55%。事实上，另一项涉及 60 多万名参与者的大规模全球性研究表明，一个身高 178 厘米的人，每失去 1 个小时的睡眠，体重就会增加 1.4 公斤。除此之外还有

澳大利亚人中有近 2/3 超重或肥胖。一个来自世界卫生组织的好消息称，肥胖是可以预防的！

人认为，与饥饿感和热量摄入增加有关的激素可能在睡眠时间较短的人群中比较活跃。这可能意味着他们会更频繁地吃甜食，更容易感到劳累，什么运动都做不了！

保证正确饮食和睡眠是减肥的关键。

工作时也可以和赘肉做斗争

一个事实：我们醒着的时候，至少有 60% 的时间都在工作（可能对于我们这些与压力抗争的人来说，这个比例更高！）。因此，办公场所是一个改善你的饮食习惯和提高活动量的主场所，所以：

- 自己准备饭菜和零食，避免那些诱人的自动售货机里的东西出入办公室。
- 吃天然的食物！加工过的食物不容易让我们产生饱腹感，而且它们没有丰富的营养，标着奇怪的数字还有添加剂。用那些没有经过加工的食品填满你的冰箱吧。
- 不要在办公桌前吃午饭，带着午饭出去吃，顺便四处走走。
- 午餐先吃一半，剩下的留着陪你度过下午 2 点的困倦期和 3 点的甜食欲爆棚期。
- 试着忍过下午 3 点，让食欲消失。它们只会持续 10 分钟，所以请分散你的注意力。

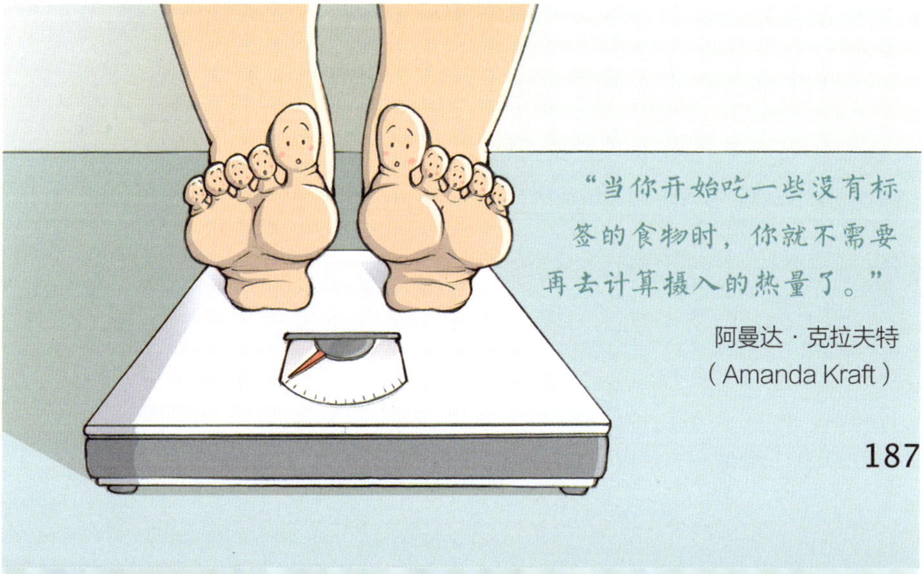

彻底减重

正如那些经典著作中所说的：“一切都开始于天平和卷尺。”当然，名著中并不是在表达字面意思，但减肥的有关研究结果却真是在说这句话的字面意思！定期进行以下方面的测量对减肥来说必不可少。

有效的测量结果

在你的笔记本里把这些测量结果记录下来，以此帮助你保证进度、维持动力。

体重

每周称一次体重。我们推荐你在别人的目光下称重，这样你才会更有动力。

腰围

男性腰围如果超过 94 厘米，女性超过 80 厘米的话，那就需要注意了。这种腹部脂肪很成问题，因为它与心脏病和 2 型糖尿病有关。请每月测量一次。

步数

每天使用计步器或是智能健身追踪器来记录。传统的健康建议是，每天至少要走 10000 步（8 公里）。

（饮食）摄入和（运动）消耗的热量

每天都保持记录，持续至少几周直到你进入状态。研究表明，对饮食和运动进行自我监控是长期成功控制体重的最有力的方法。那些持续监测自己的人减掉的体重是普通人的两倍（并且还能继续长期保持下去）。

能量的摄入与消耗

如果你摄入的能量**多于**消耗的能量，
那么你的体重会**增加**。
如果你摄入的能量**少于**消耗的能量，
那么你的体重会**减轻**。

举个简单的例子。如果你想每周减少 0.5—1 公斤的体重，你需要达到每天 2000—4000 千焦（500—1000 卡路里）的能量差，这取决于许多因素：性别——不幸的是，这对女性来说更困难一些；静息代谢率（resting metabolic rate，你的身体为了维持生命而燃烧的能量）；以及运动水平。

为了达到最佳的效果，你需要同时关注你吃进嘴里的食物和你身体运动的方式。如果没有效果，请联系一位健康专家（第 195—196 页），因为对此产生影响的因素有许多。学会倾听你的身体对你说的话。

你越健康，就越能管理好自己的压力。一些很简单的基本要求：规律地吃饭；吃多种简单、新鲜、天然的食物，少吃包装好的食物；认真吃早餐；多喝水；在饮食中添加一些富含 Omega-3 的鱼油；在你的膳食中加入一些发酵食物（比如德国酸菜、韩式泡菜、康普茶）来建立健康的微生物群，改善你的体内健康。

能量的摄入

下面这些小建议能够改善你的能量摄入：

1. 了解你的食物标签

你不需要去关心所有列出来的成分信息——你只需要重点关注以下几项：

糖分 如果这是成分列表中的第一项，说明它是高能量食品，在选择它之前你可能需要三思。

能量 想要减肥的话，要选择热量较低的食品。

饱和脂肪 通常出现在“总脂肪”这一项下。每天的摄入量不要超过 24 克，尽量坚持选择每 100 克中脂肪含量小于 2 克的食物。

钠（盐） 目标含量为每 100 克中不超过 120 毫克。

包含份数 大多数食品包装里可能包含不止一人份的食物——你可能吃了 2—3 人份的分量。

2. 注意你的食物分量

餐厅 如果你和我一样有点抠门，你会把去餐馆吃饭当作是一种对自己的奖励，你会想让你吃到的东西物有所值。事实上，大多数餐馆提供的食物分量都比你实际需要的多。所以，你可以把前菜或主食分成两份，各吃一半，剩下的打包带走。对于外卖食物也可以使用相同的原则。

悄悄上涨的食品能量 20 年前，一份美国芝士汉堡和薯条的热量分别为 1380 千焦和 880 千焦（相当于 340 卡路里和 220 卡路里）。然而现在，它们的热量都翻了一倍多。

家里的饭菜 当你自己做饭的时候，试着去控制这些材料的用量：

- 一个拳头大小的米饭、意大利面、水果或是淀粉类蔬菜。
- 一块手掌大小的红肉、鱼或是家禽肉类。
- 一把坚果或果干。
- 一块大拇指大小的花生酱、硬质奶酪或者（最好是黑的）巧克力。
- 大拇指指甲盖大小的食用油（尝试一下特级新榨橄榄油）、蛋黄酱、黄油或糖。

为了确保你在家里不会吃得太多，在你的盘子里只盛平常食量的一半。慢慢吃，然后在你吃完以后、开始想吃更多东西之前，等待 20 分钟。你可能会发现自己不再感觉饿了。把多余的食物放在不容易够到的地方，这样你就不会再受到诱惑去狼吞虎咽更多食物了。喝一杯水也会让你更有饱腹感。

零食 两餐之间没有饥饿感是非常重要的，因为你可能会选择错误的零食或是在吃饭时吃得过多。选择高营养的零食（比如一片水果）而不是高能量的零食。看电视时尽量不要吃东西，因为你会吃得很快，你的大脑不会意识到你已经吃饱了。不要直接抱着包装袋吃零食——放一点在碗里来控制你的食量。

3. 少喝酒

酒精是非常高能量的，而且我们都知道，喝酒会造成许多不好的结果，这其中还包括对食物的选择。坚持每次喝酒最多喝两杯，而且不要每天都喝。

4. 限制你对快餐的摄入量

在吃之前，你可能觉得快餐是个很好的选择；然而一旦你选择了快餐，其中浓缩的脂肪和糖会让你膨胀起来、无精打采、感到后悔。遇到快餐店请直接绕过，或是有意避开有快餐店的路段。尝试以下小建议：

- 如果你想吃快餐，喝一杯水，等 10 分钟。你会发现那只是一种冲动。把这些冲动想象成大海里你可以驾驭的波浪。给它们时间让它们消散，然后你会发现自己不再渴望那些会让你变得肥胖的食物了。
- 限制自己每两周吃一次快餐。如果你觉得这么做不是很难，那可以考虑减少到一个月吃一次。把它当成是一个挑战，用省下来的钱奖励自己。
- 考虑吃快餐的时候和别人分享。

能量的消耗

下面这些小建议能够改善你的能量消耗：

1. 增加每天的运动步数

如果你做不到每天走 10000 步，那就从你能够接受的程度开始，然后再逐步提高——你迈出的每一步都会对你产生益处。人们平均每走 20 步就会燃烧 4 千焦（1 卡路里）的热量，所以走 10000 步会消耗大约 2000 千焦（500 卡路里）的热量。

2. 增加你的附带运动量（incidental exercise）

开始换个角度去看待锻炼这件事——它其实就是更多地活动。你不是一定要去慢跑或是参加健身课程。想想任何顺带的运动机会，它都是一种锻炼。

在家里

- 从沙发上站起来，趁着广告的间隙在屋里走走。
- 一边看电视一边做家务。
- 站着阅读早报或是看你的平板电脑。
- 自己手洗车。
- 做一些园艺。
- 跟你的孩子和（或是）狗一起跑跑步。

工作时

- 爬楼梯。
- 在不影响同事的前提下，可以在接电话或是用手机查邮件的时候，在办公室里走走。
- 把车停在离办公室较远的地方，或是换个公交站、电车站、火车站的站点下车，然后再走去办公室。

- 边散步边开会。

3. 设定 SMART 减肥目标

如果你想要减掉更多体重，设定一个 SMART 目标（第 172—174 页）来增加你的运动量。不管你选择怎样去改变你的生活方式，你都要做好长期坚持下去的准备 。这里有一些 SMART 目标的范例可以帮助你开始：

- 每周完成三次 30 分钟的散步（以中等速度），这样坚持一个月。
- 每周打一次高尔夫球或是网球，坚持　个月。
- 参加一个每周都会组织活动的体育小组。研究表明，参加竞赛性体育小组的人们更容易完成他们的运动目标。

4. 如果你不想锻炼……

减肥总体上来说八分靠饮食，两分靠锻炼，所以要确保管住你的嘴。如果你讨厌锻炼，为了你整体的健康，把目标定为每天至少走 10000 步。如果效果不错，你可以考虑把目标步数稍微提高。走 15000 步会燃烧将近 3000 千焦（750 卡路里）的热量——这表示你的体重每周可以减少大约 0.7 公斤。

再次问问你自己：

若非此时，更待何时？

团结就是力量

有句谚语说的是，当有新生儿出生的时候，“养育一个孩子需要付出全村人的力量”。这个很好的概念也可以应用于我们的压力管理中。尽管压力是一种个人感受，但我们不必“把所有问题都自己扛”。

在我们的减压之旅中，有很多专业人士可以给我们支持。因此，去理解这些专业人士是干什么的，以及他们能为我们带来什么就显得尤为重要。当你需要寻求一位健康方面的专家的帮助时，自己多做些研究，问问周围的人，请他们给你推荐一些人。

你的全科医生　一个医生不只是治疗疾病，他们还帮助预防疾病。去看同一个医生，或是同一领域的医生，这样可以更好地监控你的健康状况。医生可以帮你留意你的血压、哮喘、黑痣、体重、压力水平等。他们还可以推荐你去看专科医生，让你得到更好的照顾、检查以及治疗方案。

你的心理医生　心理医生是人类发展、行为和情绪健康方面的合格专家。他们帮助人们去理解自己的行为，找到自己在世界上存在的意义和价值。治疗方式总体上是在没有药物干预的情况下去改变你的想法。

有资质的营养师 营养师可以全面地帮助一个人以健康的方式去生活。这包括发现膳食需求和调整饮食习惯。营养师可以帮你努力去减肥，获得营养和激素的平衡，解决消化不良或是食物过敏等问题。

有资质的理疗师 理疗师可以全面帮助你保持身心健康。他们的目标就是帮助个人重新获得内在的和谐与稳定。通过膳食方面的建议，使用草药、营养品以及改变配套的生活方式，你可以获得整体的健康。

有资质的生活导师或健康教练 如果说心理医生可以帮你发现你的问题并给你解决问题的工具，那么生活导师或健康教练则可以帮你克服那些反复出现的、阻止你实现目标的障碍。他们都可以帮你驾驭你的力量，让你朝着成为最好的自己的目标前进。

有资质的私人健身教练 如果你有一位健身专家给你提供动力和指导，那么你塑身和减肥成功的可能性就会很大。他们增强你在锻炼中的活力，让你感受到多样性和乐趣，以此来帮助你达成塑身和减肥的目标。他们会比你完全依靠自己去锻炼的时候，多逼你一下。

你的朋友 社交圈有一点像花园。朋友间的关系也需要浇水、晒太阳、爱护，还时不时需要除草。他们是和你分担苦难与磨炼的人，也是和你分享悲伤与喜悦的人。一位好的朋友会理解你，知道什么对你很重要，会伴你走过一生。对于那些打压你、让你感到难过或是郁闷的人，就默默地远离他们吧。

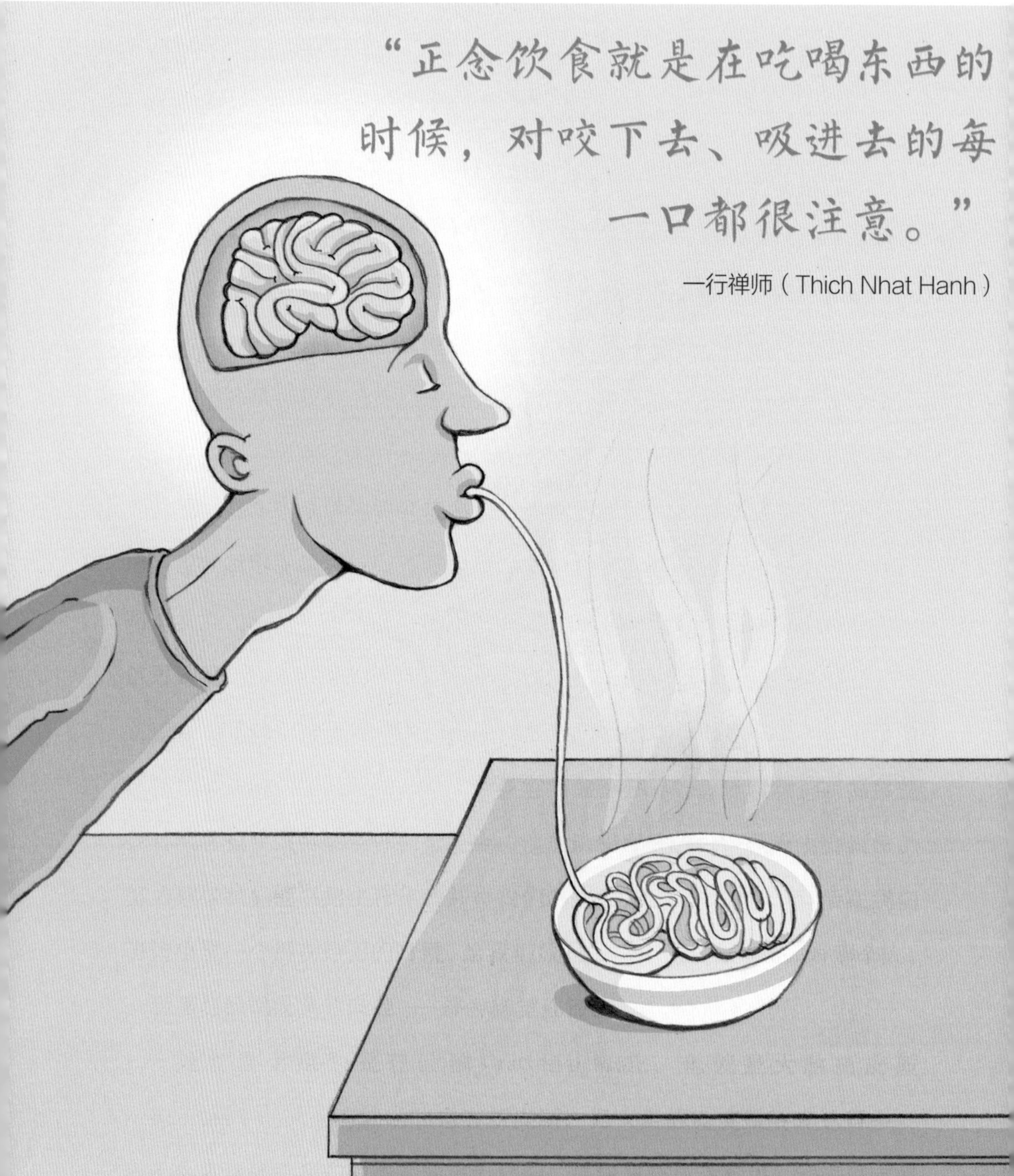
“正念饮食就是在吃喝东西的时候，对咬下去、吸进去的每一口都很注意。”
一行禅师（Thich Nhat Hanh）

正念饮食

神奇的正念饮食法将帮助你从少量的食物中获得巨大的享受。为了取得最大的效果，请确保你在没有任何干扰的情况下练习。找一个安静的地方，让自己准备好完全专注于吃的体验。正如我们所有的正念活动一样，我们的主要目的不是去评判意识对象的好坏——只是去观察你的每一种感觉是如何与食物发生相互作用的，而不去评价它。

1 选择一小份食物，把你所有的感官都集中起来。现在来看看这份食物，就像你从来没见过一样，就像它来自另一个世界一样。观察它的形状、曲线、缺口、褶皱和裂缝。看看当你转动它的时候，光线是如何改变食物的颜色的。

2 把你的鼻子靠近食物，仔细地闻一闻，把食物所有的气味都吸进去，但不去做任何判断——只是嗅一嗅。留意并去发现每一种气味。

3 现在触摸一下食物。注意它不同的质感在皮肤上留下的感觉。它是油性的还是干性的，粗糙的还是光滑的，硬的还是软的？花点时间去探索它的每个特性。

4 慢慢地把食物送到嘴边——我说的是非常缓慢！利用这个过程来注意你身体产生的任何感觉。你可能会流口水。你的胃可能会咕咕叫。感受那种想要把食物放进嘴里品尝的冲动。接下来，把食物放在你的唇边，体会一下这些感觉是否都被加强了。

5 把食物放在舌头上，但还不要去咬它。留意想要咀嚼食物的冲动，但要抵制住，并保持对嘴里各种感觉的意识。你是否感觉到了一种味道或是额外的唾液分泌？想一想食物在口中是怎样的感觉。

让舌头在嘴里搅动食物，慢慢地移动它，同时去感受食物的不同质地、柔软度和温度——当食物被含在嘴里的时候，这些都发生变化了吗？

6 咀嚼食物，但不要把它吞下去。你可能会发现你的意识开始游离了。你可能只是想吞下食物，然后再寻找下一口。不要评判，直接把你的意识带回到食物的味道和质地上来。它是热的、辣的、黏的、甜的、酸的、奶油的还是平淡无味的，或者还有一些其他的味道？试着不要去判断其味道是好是坏，只是去留意这种体验。

7 准备把食物吞咽下去。要慢慢地去做，特别注意当食物进入你的喉咙后部，进而流向胃部时所产生的各种感觉。尽可能长时间地跟随它，直到你再也无法感觉到它。注意你身体或精神上的任何感觉——也许是一股想往嘴里塞更多食物的冲动。就坐在那里待一会儿，去发现、去感受……

如果这是你第一次尝试正念进食，你注意到了什么？许多人惊讶于他们平常错过了这么多东西——他们更为强烈地去描述食物的味道，进食的体验也让他们更为满足。

这样做的另一个好处是，正念进食会减慢吃东西的速度，让你的大脑有足够的时间意识到你什么时候吃饱了，这样你就不会吃多了。

运动缓解压力

掌握我们与运动的关系是降低压力水平的最简单的方法之一。你可能已经体验过，当你的身体较为活跃的时候，你会感到更健康、更强壮、更能应对生活的种种，所以我只会花一点时间来解释为什么要运动，而把大部分篇幅用来介绍如何去运动——怎样制订计划，怎样付诸实践，怎样坚持不懈。

运动会带来什么样的效果

有研究清楚地表明，运动对身体有减压的作用，会降低皮质醇水平并改善情绪。事实上，它在改善一些情绪方面的问题上和抗抑郁剂有一样的效果。运动可以：

- 减轻压力、抑郁和焦虑。
- 通过内啡肽的释放，立刻改善情绪。
- 带来更多宁静的睡眠。
- 提高能量水平。
- 增强健康和幸福的感觉。
- 增加社交互动。
- 帮助减肥或进行体重的管理。
- 增加关节和肌肉的灵活性。
- 降低得慢性病的风险，比如心脏病、2 型糖尿病、高血压、骨质疏松、中风和高胆固醇。

把运动看作是一种协助管理压力的方式，这也是增加我们锻炼次数的动力。

我们需要多少运动量

世界卫生组织体育活动指南建议，每周至少需要运动 150 分钟，这相当于每天运动 30 分钟，一周运动 5 天；或者一周 7 天，每天运动 20 多分钟。你不需要一次运动很长时间，主要是形成一种规律。你甚至可以把它分成多个不同的时间段来进行，每次只进行——比如说 10 分钟的运动。美国和澳大利亚的多项研究显示，70%—80% 的人都没有达到运动量的最低要求。

如何制订运动计划

1. 找一项你感兴趣的运动

可以去健身房，也可以在家里、户外，或者是以下项目的组合：

- 借助健身器材（比如，健身单车、跑步机、椭圆机）做有氧运动。
- 配重或抗阻力的健身器材。
- 走路或跑步，或许可以带着狗狗一起。
- 游泳。
- 骑单车。
- 跳舞。
- 瑜伽。
- 普拉提。
- 武术。
- 网球、高尔夫或者参加一个体育小组。

上述有一些运动是可以和朋友一起进行的，有的还可以帮你认识新的朋友，促进你的社交。

2. 选择两到三项运动

为了发挥最大的益处，选择那些对你来说最有吸引力的、最想去做的运动。室内和室外的运动最好都能包括，这样如果天气不好的话，你还可以交替进行。

3. 把它变成一个 SMART 目标

把你设想的计划写在你的笔记本里：

- 针对你新开始的日常运动项目，制订一个为期至少 1 个月的计划——坚持 4 周之后，它就会变成一种习惯。
- 把你的运动项目安排在一个你不会被打扰、不会感到匆忙的时间段里。
- 如果你有一段时间不想去运动，做一些你喜欢的项目使自己不会逃避锻炼。

4. 总结你的成功

每周都对你的计划进行一个成功性评估。检查你是否完成了所有的训练。在你的笔记本里记录下你的感受——它会使你下一周的行动力得到增强。

如何坚持运动

许多人不去锻炼的一个原因是，压力实际上削弱了他们想去锻炼身体的想法。研究表明，我们更倾向于通过逃避锻炼和吃不健康的食物来应对压力。这很令人遗憾，因为我们其实可以从“每周至少 20 分钟的任何形式的体育运动”中，获得真正的精神健康方面的益处。这基本上相当于每周只做几次热身运动。我们是可以做到的。

我们已经讲过要通过进行你喜欢的体育活动把它变成一种日常规律，但这里还有一些其他的小建议可以让你动起来：

- 记住，任何形式的运动都比不动强。
- 如果你把它记在日记本或表格里，或者在手机里设置了提醒，你便更有可能去完成这件事。
- 从小事做起——如果你目前没有在做任何运动，那就绕着街区走 10 分钟，而不是上来就计划去跑马拉松！
- 上床睡觉之前，把你的健身装备拿出来。这能让你在第二天更愿意付出努力。
- 换上你的运动装备——如果你什么都不做的话，你会感觉自己很蠢的。
- 如果你觉得累了，那么就完成一半的计划——慢慢地，你就能坚持完成整个锻炼计划。
- 定个规矩，比如你只能在做运动的日子洗头。
- 问问你自己，如果你落下了一次锻炼会不会后悔。
- 我们会因为奖励而受到鼓舞，所以，给自己设置一个诱人的奖励吧。
- 做笔交易，比如每当你错过一次锻炼，就付给朋友 20

元钱。这样的话，如果你错过了，你就面临付出诚信和金钱的考量。

- 找个一起锻炼的伙伴——你们会督促彼此保持规律。
- 参加健身团体课程，让你在社交方面也得到锻炼。
- 以方便为目的——如果你很忙，就不要再花 30 分钟开车去健身房了。用网上的健身视频或是健身 APP 来代替。
- 如果在一天结束的时候，你太累了没有办法去运动，那么定个早点的闹钟，第二天一早再去锻炼。
- 不断提醒自己你已经变得多么强大，不管是身体上、精神上还是情绪上。
- 听从内心的声音——“我能搞定”。

关于压力的生活启示

⑩来自人类最好的朋友的启示

马修·约翰斯通

有一次，我在一个会议上遇到了一位精神科医生。他告诉我，在给病人开抗抑郁药之前，他经常会先建议病人养一只狗——他是很认真的。

一只被照顾得很好的狗会无条件地忠诚，看到你时总是很兴奋，它是很棒的伙伴，并且会鼓励你定期锻炼；它是有感情的生物，可以让你展现出最好的自己；它需要依靠你才能活下去，这相当于给了你需要去关怀和照顾的事物。作为回报，你们之间的关系是牢不可破的。

我们家有一只叫曲奇的狗，它可以说是（出于最大的褒奖）我们家不可或缺的成员。它的爱、忠诚、热情和常常令人捧腹的性格，就像是《土拨鼠之日》一样百年如一日。[1]

---

❶ 译者注：这个说法源于电影《土拨鼠之日》（*Groundhog Day*），片中讲述了一位天气播报员菲尔·唐纳德（比尔·默瑞饰）不断地重复活在二月二日的故事。这里作者用此来形容曲奇各方面都始终保持一致。

一直以来我都很喜欢散步和跑步，但直到有了曲奇，我才意识到这些活动是如此孤独。现在，我经常有这个热情的好伙伴在我身边小跑。它还总在不经意间就开始与陌生人及他们的狗狗互动起来。我称之为“自下而上”的对话。我和陌生人也会从狗开始切入话题——“这是什么品种的狗？它多大了？它叫什么名字？”。然后，如果对话进行得很顺利，就可以往上聊聊有关主人的事情——从刚开始一些简单的联系逐渐上升为融洽的社群关系。

研究表明，当动物被带进养老院或者是工作场所时，人们快乐和投入的程度就会上升，而压力水平则会下降。抚摸狗（或猫）这个简单的动作可以降低我们的血压，增强我们的免疫力，释放内啡肽和催产素等好的东西，帮助我们减少压力。

故事的道理

好狗子！

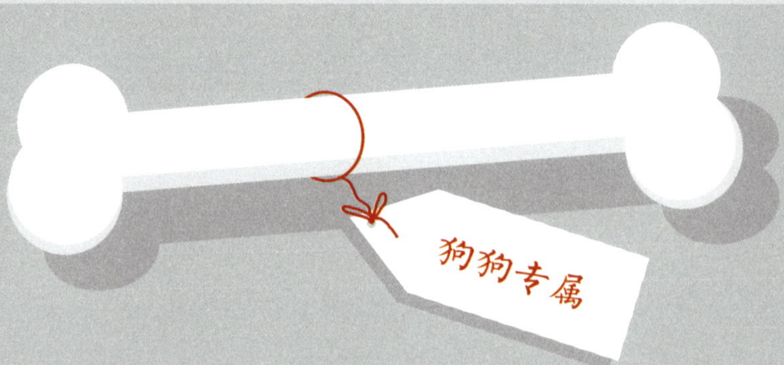

身体的正念

这个简单的正念练习被称为身体扫描（body scan），它能够使你把注意力集中在身体的所有感官上。你可以在任何时间、任何地点进行这个练习，这是一种很好的方式，可以让你注意到自身在新的锻炼体系中发生的变化。

如果你的思想像我一样习惯于把身体里所有的感觉都标记为好的、愉快的或坏的、不愉快的、痛苦的，那么在这个练习中，试着只去注意你的感觉是什么，而不要做任何评判。你可能会注意到刺痛、阵痛、发热、紧张或其他感觉，不要评判，只要去注意它们就可以了。

和其他的正念练习一样，让别人把指令念给你听可能会更好；或者自己先使用电子设备录下来，然后再将设备调至飞行模式，回放录音。

1 轻轻地闭上眼睛，让自己开始安静下来。吸气……然后呼气……保持持续自然地呼吸。让肩膀自然下垂，远离你的耳朵。感受你完全被支撑着，感受身体在椅子、床或地板上的重量。做几次缓慢深长的呼吸，让你的身体充满活力。当你呼气的时候，给自己一种更深入的放松感。如果你身体的任何部位出现了紧绷或紧张的感觉，试着让呼吸进入那里。随着你的呼吸，温柔地把意识带入这些感觉中，不去评判它们，也不要赶走它们。

2 把你的注意力放在你的身体上。感受你的脚在地板上的触感，注意所有感觉的出现，比如压力、重量或温度。接下来，去感受你靠着椅子、床或双腿放到地板上的感觉。感受你的小腿或大腿产生的其他感觉。留意比如压力、脉冲或紧绷等所有感觉。你只需要把好奇的意识带到这些感觉上就可以了。

3 把你的注意力转移到腹部。注意你在这个部位的任何感觉——压力、刺痛、空虚或紧张。让它变得放松。当你吸气时感觉腹部的隆起感，当你呼气时感觉腹部的落下感。让你的呼吸保持缓慢自然。继续留意你腹部产生的感觉，然后把注意力向上转移到你的胸部，随着每一次新的呼吸放松自己。

4 注意你的背靠着椅子或支撑着其他物体的感觉。留意所出现的压力、温暖、瘙痒或刺激感。只是去发现这些感觉，不要去妄加评判或试图改变它们。抓住这个机会，和每天带着你到处行走的躯体亲密接触。现在，你的感觉如何？

要知道，内心的平静永远都在你身边。

5 把你的注意力向上放到你的手或手臂上。单纯地去感觉所有不同的感觉。集中你的思想，去感觉任何微妙的感觉，比如与你接触的衣服或是皮肤上的空气的触感。把你的注意力集中在这些细微之处。

6 将你的注意力转移到肩膀上，在这个过程中让肩膀变得放松。在这个部位，你可能会感觉到衣服的触感。只是去意识到它的存在，然后再放下它，再把注意力转移到其他感觉上来。如果你做了一些锻炼或者一整天都坐在办公桌前，你可能会出现一些紧张感。

7 把你的注意力转移至你的后颈和喉咙，让它们伴随着每次的呼吸变得更柔软。接下来，感受你的下巴，注意出现的任何紧张感。让你的下巴、额头和面部肌肉全部放松下来。

8 注意你的后脑勺是否有依靠。放松头部，然后把注意力放在头顶上。去感觉任何轻微的刺痛，就像蚂蚁在你的头皮上爬一样。那是你身体里跳动的血液。观察它，然后不加评判，不做干涉。

9 花点时间去感受你的全身，以及注意你身体的各个部分是如何连接起来的。不管是新的感受还是已经有过的感受，让它们都来到你身边——比如瘙痒、刺痛、沉重、温暖、凉爽、空虚、压力等。接受这些感觉，并理解每一种产生的感觉都将逐渐发生改变并慢慢消失。这种变化无常是万物的本质。如果我们能在生活中学会接受这一点，我们就会减少对事物的执着或逃避，这也就意味着，我们可以更加快乐。现在就开始练习这一点，利用你身体的感觉，在你的大脑中开辟新的接受通路。

10 继续专注于你的呼吸和全身的感觉，不用执着于时间的长短。当你觉得可以了，就慢慢地睁开眼睛，把注意力拉回到房间里来。享受你从自己内心发掘出的平静和对自我更好的认同感。

这是和睡眠有关的事

受到干扰的睡眠通常被认为是整个压力感受中最糟糕的部分。事实上，我经常会遇到一些对睡眠感到害怕的客户。他们说，躺在床上却睡不着会给他们带来很多额外的紧张和担忧。

一个绝对能够减少压力的方法就是去改善你的睡眠。我们睡得越好，就越会感到快乐、越有控制力，而这正好与压力的作用截然相反。良好的睡眠像饮食一样，对我们的健康和幸福至关重要。科学家们表示，高质量的睡眠：

- 有助于大脑维持健康，对学习、记忆和情感的处理有积极作用。
- 有助于我们身体、大脑的恢复以及能量的保存。
- 使我们的心脏保持健康。
- 协助免疫系统，使我们不易生病。
- 有助于调节我们的新陈代谢。
- 有助于我们的身体进行排毒。

我们需要多少睡眠

没有一个神奇的数字可以标定所有人需要的睡眠时间，但可以说，我们年龄越大，需要的睡眠就越少。一个发育中的新生儿每天最多可以睡 19 个小时，而一个老年人可能只睡 6 个小时就足够了。一般成年人大概需要 7—9 个小时的睡眠来恢复精力，以使自己能够在第二天正常活动。如果前一个晚上没有睡够，第二天你可能会发现做决定、集中注意力和记住事情对你来说变得困难，反应也会变得迟缓。如果长时间睡眠不佳，你更有可能出现：

- 对生活中的事情感到更有压力，尤其对睡不着这件事。
- 发现自己很难集中精力、思考和学习。
- 工作积极性低、表现不佳。
- 因为困倦而发生事故。
- 体重增加。
- 出现持续的健康问题。

关于睡眠的谬论

研究表明，对睡眠的不正确认识和担忧，是导致我们睡眠差的一个重要因素。

观念： 如果我今晚的睡眠不足，那么我需要在第二天小睡一下，或是第二天晚上多睡一会儿。

事实： 这种观念实际上可能会导致睡眠问题变得更糟。不管你前一天睡眠充足与否，第二天晚上你通常都会睡得比较好。

观念： 当我睡不着的时候，我应该躺在床上努力让自己睡着。

事实： 这很有可能让情况变得更糟。

观念： 我已经丧失了控制睡眠的能力。

事实： 你还是掌握着对睡眠的控制的。养成良好的睡眠习惯，哪怕只是几个星期，就会改善你的睡眠质量，让你进入一个安稳的睡眠模式。

观念： 当我白天感到疲倦、易怒、抑郁或焦虑的时候，大多是因为我前一天晚上没有睡好。

事实： 你会有这样的感觉，可能还有许多其他的原因。只把它归咎于糟糕的睡眠会让你处于更大的压力之中，因为你会为了获得好的睡眠而更加努力，但这么做通常会适得其反。

观念： 如果我有一天晚上没睡好，我这一周的睡眠计划都将被打乱。

事实： 一两天晚上没有睡好很正常——你的睡眠系统会自然而然地进行矫正。

观念： 我觉得我无法控制自己一到晚上就兴奋的大脑。

事实： 睡前焦虑对人们来说很普遍。试着让自己从乱七八糟的想法中脱离出来，可以使用一些特别的方法，比如留出忧虑的专属时间（第134—136页），来帮你获得平静。

糟糕的睡眠/压力循环

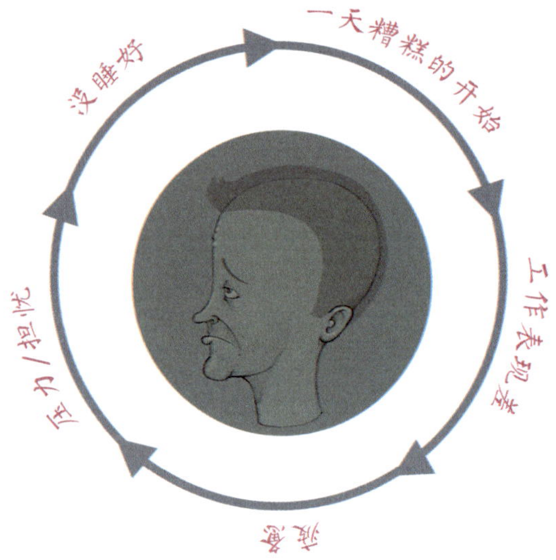

史上最佳睡眠方案

良好的睡眠是一天的好开端。利用这些健康睡眠（sleep hygiene）小建议来养成良好的睡眠习惯吧。

在床上

1. 床是用来睡觉的

除了睡眠和性爱，不要把你的床用来做其他的事情。因为这样，你的身体就只会把床和睡觉联系起来。

2. 起来，一会儿再试

如果你躺了 20 分钟都还没有睡意，那么就去另外一个房间，做一些平静又无聊的事情，直到你感到困了，再躺下来试试看能否睡着。避免做一些太刺激或太有趣的事，因为这会让你更加精神。

3. 不要看表

晚上频繁看时间会让你变得更精神，并且会强化一些消极的思想，比如：“噢不，已经这么晚了。我应该再也睡不着了。”

4. 准备好你的睡眠空间

确保你的床和卧室都非常安静，睡起来很舒服。舒适的房间加上柔软的毯子让你保持温暖是最好的。你可以用耳塞隔绝噪声，拉上窗帘或戴上眼罩来遮住早上的阳光。花点儿钱买张舒服的床吧——你人生1/3的时间都是在床上度过的！

5. 睡眠日记

这个方法可以保证对于自己的睡眠，你所掌握的都是事实，而不是妄加猜测。注意你白天的活动以及晚上睡眠的质量和时长，可以让你看到那些不好的习惯及可以改善的地方。现在就开始把昨晚睡眠的细节记录下来，然后设置一个提醒，在接下来的几天也都这样去记录。

睡觉之前

1. 形成睡觉的仪式

这些仪式性的做法会提醒你的身体，你该睡觉了。每天睡觉前做8—10分钟的放松拉伸（第122—123页）或是呼吸练习（第124—127页），或者安静地坐着喝一杯没有咖啡因的茶。

2. 坚持你睡觉的时间窗口

只在你真的感觉到累或困的时候试着去睡觉。我们每个人都有一个睡觉的时间窗口（通常是在晚上 9:00—11:30），这是我们会很自然地感到累并且想睡觉的时候——好好利用它！

3. 安排好你洗澡的时间

在睡觉前的一到两个小时洗个热水澡会使你的体温升高。随着体温的逐渐降低，你会感到困意来袭。

4. 计算你需要的睡眠时间

弄清楚你需要多少小时的睡眠才能保持第二天的正常活动。一旦你知道了这个神奇的数字，你就可以从需要起床的时间倒推出你需要上床睡觉的时间。

白天的时候

1. 不要小睡

白天的时候最好不要小睡，这样才能保证你在晚上该睡觉的时候感到困意。如果你白天不小睡一会儿就撑不下去的话，一定把小憩的时间控制在下午 3 点之前并且不超过一个小时。

2. 养成规律

训练你的身体去好好睡觉的一个最棒的办法，就是让你上床睡觉和起床都保持在每天差不多相同的时间点，甚至包括周末以及休假的时候。

3. 避免摄入咖啡因和尼古丁

在睡前的4—6个小时内，你最好避免摄入类似咖啡因（在咖啡、茶、可乐、巧克力和一些药物中含有）或尼古丁（烟草中含有）这样的兴奋剂。

4. 不要喝酒

在睡前的4—6个小时内也不要喝酒。很多人都认为酒精可以让人放松，虽然它或许能够帮你入睡，但是它实际上会扰乱你的睡眠，让你感觉更加疲倦。

5. 进行锻炼

经常性的锻炼可以改善睡眠，但是请不要在睡前的几个小时内进行过于激烈的运动。

6. 正确的饮食

均衡的膳食可以帮你获得良好的睡眠，但是进食的时间也非常重要。上床前吃得太多会影响你的睡眠，而空腹睡觉也会让人心神不宁，所以可以考虑少量进食。

7. 保持白天的正常安排

即使你昨晚没睡好，感到很疲惫，也要保证自己白天的活动安排都按原计划正常进行。

8. 沐浴自然光

当你早晨醒来的时候，让自己沐浴在明亮的阳光中。这会帮助你的身体记住这个生物钟。

9. 注意你盯着屏幕的时间

睡前的2个小时内尽量不要使用电子设备。屏幕会发出蓝光，这会干扰褪黑素的产生，从而影响我们的睡眠。如果你一定要使用，请下载一个APP 把屏幕调成处于护眼模式的琥珀色。

10. 安排忧虑的专属时间

如果你发现自己睡不着的原因是总在担忧，那么，给自己在白天预留一个忧虑的专属时间（第 134—136 页），把你的笔记本也放在床头。

“4-7-8”呼吸法练习

如果你还是觉得入睡困难的话，那就试试“4-7-8”呼吸法吧。这个来自印度的古老方法会使你的身体缓慢地进入一个平静、放松的状态，帮助你进入睡眠。在练习这个呼吸法的全程中，让你的舌尖保持在你上齿后方的上颚处。

1 用你的嘴去吐气，并发出“呼呼”的声音。

2 闭上嘴，然后用你的鼻子安静地吸气，并在心中数 4 个数。

3 屏住呼吸，同时默默地在心中从 1 数到 7。

4 再次用嘴去尽力呼气并发出“呼呼”声，同时在心里从 1 数到 8。至此，这算是完成了一次呼吸。

5 现在，再次去吸气并重复 3 次这样的呼吸过程，总共完成 4 次呼吸。

“4-7-8”呼吸法

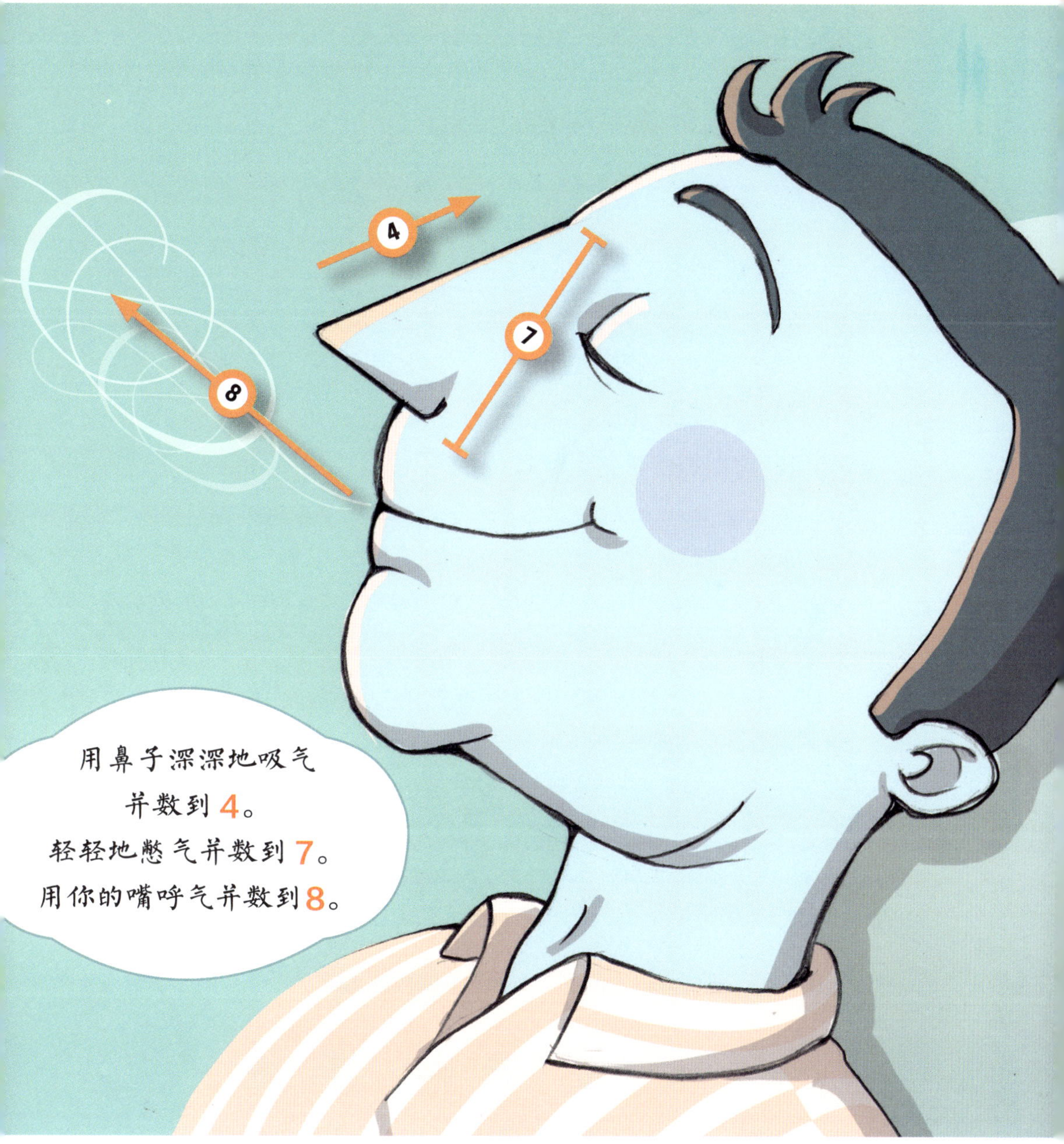

6 斗争，再见

冷却我们人际关系中的所有压力

在这一章里，我们会向你介绍：

- 如何确保你拥有健康、互相扶持、和谐共处的人际关系
- 如何提高你的整体交际能力

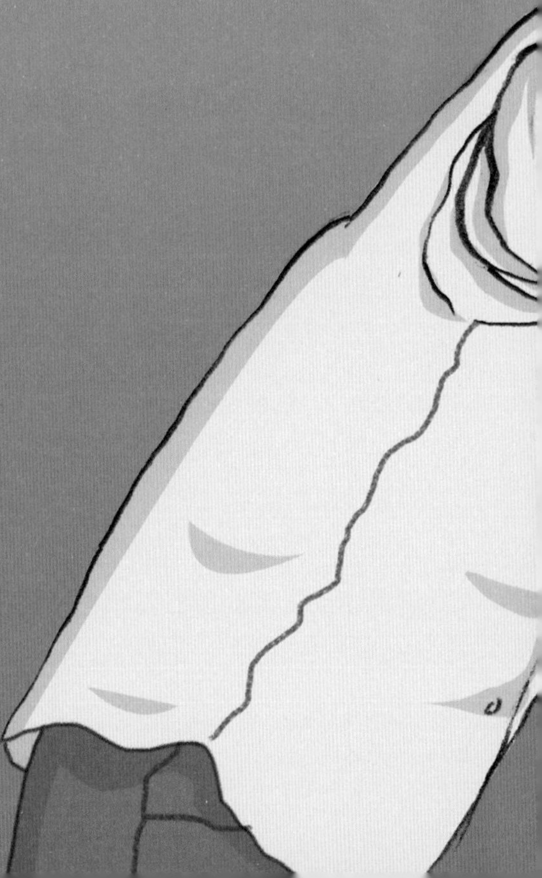

摆脱人际关系方面的压力

在“斗争，再见”这个章节，我们将会踏入生活中的另一个重要的领域，一个我们所有人都时而会面临困扰的方面——人际关系。根据研究，处理家庭关系问题是造成我们压力的一个主要原因。有些人会认为，与家人之间出现一些摩擦是不可避免的，没必要尝试改变。事实上，我们可以通过很多方法去锻炼我们与人沟通的能力，弥补不足，改善人际关系。这一点是至关重要的——有证据表明，与人沟通以及拥有健康的、相互支持的人际关系，可以更为有效地帮助我们管理压力。

本章的第一部分内容会重点讨论如何与一起生活的人建立更好的人际关系——比如与我们的伴侣、家人、朋友或室友；第二部分将着重介绍与我们小圈子以外的人打交道的综合沟通技巧，比如与我们的同事。应用这些技巧，不仅可以提高我们的个人诚信度（心口如一，言出必行），而且还能帮助我们从人际关系中收获我们想要的东西。针对这两类人群所使用的交往技巧有很多通用的部分，所以把它们全部认真看一看吧。

人际关系的压力循环

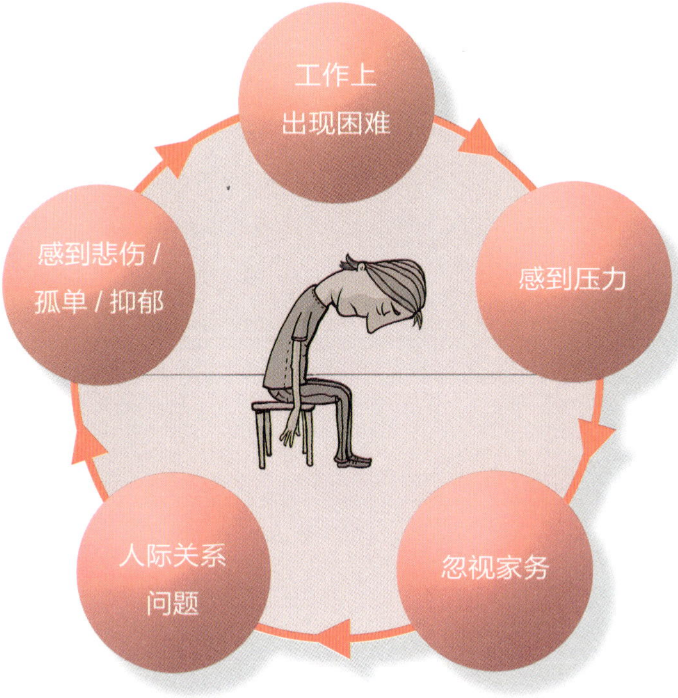

查理和索菲亚的故事
亲密关系中的压力

我们与爱人之间的亲密关系也可能给我们造成很多的压力。一位年长的智者总是说："只有我们所爱的人才有能力令我们害怕到死。"

人际关系中的压力循环

当我们感到有压力时，我们经常把我们的忧虑和沮丧发泄到最亲近的人身上，而且我们甚至可能都没有意识到这一点。压力的感觉会在我们和世界之间制造距离，这使得我们很容易误解他人，把关系变得紧张。

让我们来看看一对曾经找我做过咨询的夫妇的一段交流记录。他们争吵的情形对你来说熟悉吗？

查理： 我现在有太多事情要做，我觉得很累、压力很大，所以当下班回到家后，我唯一想做的事情就是喝一两瓶啤酒，看一会儿电视，放松一下。

索菲亚： 最近一段时间我对他感到非常火大。他快让我崩溃了！他每天晚上下班回家都很晚，然后就一屁股坐在沙发上看一宿电视。所有的事情都要我来做——做饭、洗碗，我们之间甚至都没有交流了。我也有自己的工作啊！这样过了一段时间我真的受不了了，我说他又懒又自私，然后他竟然有脸反驳我！我们大吵了一架，于是我决定不理他，跟他冷战到底。

查理：她总是唠叨让我做这个做那个，可是当我真的去做的时候，她又指责我所做的事情都是错的——跟她在一起我做什么都是错的！为什么她看不到我努力工作？她无法理解我现在的工作压力有多大！

你有没有在和自己的有着亲密关系的人口中听到过类似的话，不管是你的伴侣还是一起生活的人？你可以看到误解对方行为的情况是多么容易发生，进而会引发冲突。索菲亚对查理的状态的反应，让对方感到更有压力、更加孤独；而查理的行为则让索菲亚感到不被珍惜和受到冷落。这种相处模式形成了一种自我强化的恶性循环，并继续影响着他们的生活。如果查理在家里感到无助（“我做什么都是错的”）和得不到支持（“她不理解我”），他可能会更加难以在工作上集中精力。这可能会对他的工作表现产生不利的影响，从而造成更多压力。第 226 页中的循环图就大致说明了这种情况。

类似的恶性循环也发生在索菲亚身上，这导致她不愿意和查理待在一起，因为他们相互之间没有滋养、没有支持也没有乐趣。他们的关系得不到积极的、正向的巩固，彼此都会感到孤独。也正因为如此，他们之间的关系让彼此都痛苦。

总的来说，人们不喜欢被

- 吼叱
- 说教
- 说服
- 欺骗
- 轻视
- 忽略
- 拖延
- 批评

查理实际的感觉是，因为他很累、压力很大，所以需要一定的空间，或者是他害怕自己可能会说一些消极或刻薄的话，而事实上他并不想这么说。他还担心自己没有足够的精力来陪索菲亚，所以他索性选择了远离她。结果，索菲亚感到孤独、不被珍惜、被忽视。但同时她也很担心，因为查理选择了避而不谈，不是他出了事情就是他们之间有了问题。这些想法让她感到恐惧，于是她叫他来帮忙干活，想以此拉近彼此之间的距离，但这似乎总是以争吵告终。

他们都试图用自己的方式来维持这段关系，但并不奏效，于是他们开始吵架，拒绝交流。这让他们都感到有压力、被误解、不受重视和孤独。从这些消极的表现中，我们看到双方的关系开始出现裂痕。

不好的应对手段

当遇到压力的时候，查理的应对策略是喝点啤酒（麻痹自己），看电视（分散注意）和将自己从对话与责任中抽离出来（自我孤立和逃避）。索菲亚的反应则是批评（你“应该”怎样做和你“必须”怎样做），变得不安（灾难化）和对号入座，还会用冷暴力（自我孤立和逃避）来处理问题。

在面对压力的时候，你通常会怎么处理呢？你过去是否也曾用过类似的应对手段处理问题？有效果吗？当你采用这些处理方式的时候，对方通常有什么样的反应呢？如何在处于压力的时候与你的伴侣交谈？

当你感到有压力，以及有极大的风险让消极的互动循环持续下去时：

- 说话之前要三思。
- 把自己的处境向对方开诚布公。
- 试着不要把它看成一场需要取胜的战斗。
- 避免使用事先准备好的说辞——你会听不进去对方要说的话。
- 如果需要的话，让对方先说，给对方大声发泄出来的空间，然后认真去倾听，尽量不要打断对方。
- 可以出去待一会儿，给对方一些空间。出去散散步或者洗个长时间的澡，抑或让对方做这些事情。
- 如果是你错了，永远不要低估道歉的力量。说出你的歉意，真心实意地说，然后翻篇儿向前看。

有压力的互动模式

索菲亚和查理的问题说明了非常常见的、在关系中容易造成冲突的一连串事件。我经常在其他夫妻身上看到类似的消极互动模式。不幸的是，这会使他们的压力计升温，并有可能破坏他们之间的关系。

客户们经常说：“如果你能让我的伴侣多做点这个或是少做点那个，我们之间的一切就完美了。”事情从来不会那么简单。我会迅速地将客户引导到那些他们能控制的事情上去——他们自己的行为。重要的是，要意识到你的行为正在影响你伴侣的行为，你实际上拥有更多的控制权，只是你没有意识到罢了。

当两人中的一方被剥夺了他们想要的东西（对查理来说，是回家之后的平静；对索菲亚来说，是交谈、帮助或安慰），或者受到了不愉快的刺激（唠叨、吼叫或躲避）时，双方都只能忍受一段时间。然后，他们会试图通过施加压力得到他们想要的。一方会使用武力，直到另一方做出回应。例如，索菲亚会一直骚扰查理，直到他最终把垃圾拿出去倒掉；或者是查理会冲她吼叫，让她停下来。结果是索菲亚会认为，如果她不停地唠叨，就一定会得到她想要的东西；而查理也觉得，他必须服从或发火才能让她停止唠叨。

不幸的是，在满足两人各自需求的斗争中，这种互动就像是一场不断升级的战争，只有当一方屈服于另一方的施压行为时，战斗才会结束。虽然一方可能会赢得这场战斗，但这会让另一方在心中滋生怨恨，让他们陷入一场双方都注定会输掉的长期战斗。

良性与恶性的互动模式

两性关系咨询师丹·威尔博士（Dr.Dan Wile）谈到过伴侣关系中两种恶性的和一种良性的互动模式：

1. 进攻还是防守

在这种模式中，你可能会发泄出一部分你的经历，但却是以抱怨的情绪进行批评、指责、报复，而不是倾诉。这容易把你的伴侣变成你的敌人。每一方都会去戳对方的痛处，作为自己被戳痛的报复。这种行为会持续上升到这样一种程度：双方都感到被伤害了，以至于无法相互关心；被对方无视，以至于听不到彼此的声音；误解过深，以至于无法彼此理解。

2. 孤立、无视或者淡化

在这种情况下，你会把自己所经历的一切都封锁起来，谈论一些别的事情或者完全避开你的伴侣。这种行为会让你的伴侣变成一个陌生人。这是一种自我强化的行为，一方的回避、谨慎或小心翼翼会刺激另一方也这么做。你永远无法让自己很舒服地去分享真实的体验，因此任何问题都得不到解决。这是许多声称他们只是“渐行渐远”的情侣在分开前所走过的路。

3. 倾诉或倾听

你会与你的另一半分享你的心路历程，并尽量去理解他们想告诉你的事情。这样的做法会把你的伴侣变成一位盟友，因为你们都在努力达成共识。承认、倾诉、去接触并思考对方的观点，这会使对方也放心地用同样的方式对待你。我希望你能明白这才是良性的互动模式！

与你的伴侣沟通

与伴侣的关系陷入矛盾的一个主要原因，是沟通方式不恰当（或者干脆不沟通）。在压力很大的时候，有一些人喜欢不说话，而另一些人可能很难用他们的伴侣所能接受的方式来表达自己的关心。人们很容易彼此误解，或者在无意中说了一些很伤人的话。

当索菲亚指责查理太懒时，她实际上是想说她很担心他，她觉得他忽略了自己和家庭。但是因为她太难过了，她根本没有想过应该怎么表达出来——她只是单纯地把自己的痛苦发泄了出来。

这其实很常见。我们总是因为太激动了，以至于在自己的想法和感受脱口而出之前没有进行过思考，也没有好好地斟酌用语。

语言重塑

语言重塑（reframing）是一个很有用的技巧，可以帮助我们将想说的话以更友好的方式表达出来。

当我们进行语言重塑的时候，我们会选用积极的、有建设性的语言，而不是责备或批评他人的语言和口吻，来清楚地说明问题是什么、我们的感受如何。这通常能够帮助对方倾听我们所说的内容，而不是让他们建立起自我防卫的心理，从而去思考要如何反击我们。

下面我会向你介绍一些语言重塑的例子。虽然表达的是同一件事，但所用的语言不同，听者也会产生不同的反应。

恰当的语言表达会把你的伴侣变成盟友，这是一个好的开始，使你们能站在同一战线上看问题，而不是站在彼此的对立面。为了让你的伴侣能倾听并理解你所说的话，你需要做到以下几点：

共情　让对方知道你正在尝试从他们的角度来理解事情。查理可以对索菲亚说："我知道我最近对你有点疏远，在家里也没做什么事帮助你分担家务。我能理解这让你感到很沮丧。"

“我们有两只耳朵，
但只有一张嘴，所以
应该多听少说。”

齐诺（Zeno）

将消极陈述转化成积极陈述

得到一个可能不太好的结果	得到一个更为积极的结果
你从来没有时间陪我！	我最近都见不到你。我想念和你在一起的时光
总是我来收拾烂摊子！	我需要你的支持。我也会感到手足无措
在这段感情中你都没有付出！	如果我们能一起计划一些有趣的事情，那就太好了
你把我的付出当成理所当然！	我希望得到你的认可
你总是对我喋喋不休！	我现在太累、压力太大，没有办法去思考。请给我一点时间让我平静下来

表达 解释你为什么要这样做。帮助你的伴侣理解你的观点，从而更能理解你的处境：“我现在的工作压力很大，我很难适应这种压力。”

坚定自我 让他或她知道在这种情况下你需要做些什么使自己感觉好些：“晚上有一点自己的时间能帮助我放松身心，我需要看会儿电视，然后我再来帮忙做家务。”

想想沟通中的这三个重要组成部分，哪一个最让你感到困难。就我个人而言，我在表达上会有点困难。

如果我们觉得没有被人倾听、不能分享我们的所需，或者觉得自己总是在付出，那么我们就会对我们的伴侣心生怨恨，更不要说建立起一个充满爱、尊重和温柔的正确沟通心态了。记住，在体谅对方的同时一定也要坚持主见（这一点将在下一节中和大家谈论到）。

把事情说清楚

我可以保证，只要你运用我们目前所说过的方法，就一定能够使你的人际关系得到改善。我们还可以从婚恋咨询专家约翰·戈特曼教授（Professor John Gottman）及其他人身上学到更多的技巧，使我们的关系更加亲密和牢固。这些技巧将会帮助我们建立相互理解与可持续发展的友好关系。

1. 定义问题

一个定义明确的问题包括了对人或问题的正面陈述，对不良行为的描述，对行为何时发生以及行为导致的后果的描述。

2. 软启动

最好让讨论结束时的气氛或基调与开始时保持一致。如果谈话一开始就很激烈，那么通常也会以激烈的方式收场，甚至更糟！在找你的伴侣谈话之前，先做几次深长缓慢的呼吸。

3. 可以抱怨，但不要指责

清晰地描述所发生的事情的过程，不要添加任何评判或指责。请保持礼貌和感激。

4. 只说一件事

每次只去讨论一件事情。不要偏离主题或是数怨并诉（kitchen-sinking）——一开始只是围绕着一件事去争论，然后就扯到另外的很多事情上（我们一旦感到自己在争吵中落入下风，就会这样做）。

5. 积极地倾听

试着做一名好的倾听者。全神贯注地聆听对方说了些什么，然后换个说法去重复他们的话，这样他们能够感到自己被倾听、被理解。

6. 小心“淹没”

“淹没”（flooding）这个术语指的是情绪和生理上的崩溃。男人比女人更容易产生淹没效应，这使他们心不在焉或是回避谈话——这种做法恰恰会激怒他们的伴侣。但是，如果你想要解决问题，你需要停下来（至少 20 分钟），直到双方都再次恢复冷静。

7. 让你的伴侣影响你

接受来自伴侣的影响会缓和他们的严厉态度，增加彼此之间的好感和倾慕，当出现问题的时候会将你指向一个更简单的解决问题的途径上。

8. 执行“10分钟原则”

每周在固定时间进行一次心平气和的谈话，讨论一个特定的问题，谈话的时长不要超过10分钟。在讨论的过程中保持轻松和尊重。

9. 坚持每周抚摸对方

因为我们经常忘记或是太过忙碌，所以我们需要专门留出亲密时间，这会帮助我们感觉彼此之间的联系变得更加紧密了，从而平衡我们平日所遭受的各种情感伤害。

10. 做正确的选择

选择去做充满善意的事情，而不是正确的事情。

小贴士

如果你感到生气、恼怒，因为你的伴侣没有按照你想的去做，而你也没有以坚持自我（而不是挑衅）的方式去要求他们——对不起，你要为自己的不开心负责。有问题，请一定告诉他们！如果他们关心你，他们会想知道。

我尊敬你
敬
我尊敬你

可以解决
和不可解决的问题

在每一段亲密关系中，每一对情侣间都存在他们自己难以应对、无法解决的问题。这些问题就是那么——无法解决。通过解决这些问题，伴侣们可以在处理关系的其他问题方面变得柔和，通常他们彼此间也会相处得更好。

我曾经遇到一对年轻的情侣，他们总是吵架，哪怕只是为了一些鸡毛蒜皮的小事也会闹翻天。有一次，

这对情侣中的一位比预计回家的时间晚了3分钟，于是，“第三次世界大战”爆发了。愤愤不平的一方抱怨说，这是另一方根本

不在乎自己的表现。当我们深入探究时，我们会发现，“守时的一方”很想搬到乡下去生活并且组建一个家庭，但心里总有一种对方在妨碍自己的感觉，其中一部分原因就是对方总是把工作放在首位。经过开诚布公的讨论，我们发现，他们当时根本没有经济条件搬到乡下去生活。仅仅是因为意识到这个问题（在目前）无法解决，就使这对情侣达成了共识，这对他们双方的关系来说起到了很好的保护作用。

我总是告诉我的客户们：“每一个问题的解决都会促进彼此间的亲密关系。”只要两个人在一起，在面对无法解决的问题时你们完全可以互相安慰，选择正确地看待问题。

出现顽固思想时，做出明智选择

总会有一些情况和感受是你很难甚至不可能改变的。面对这种情况，你必须做出选择。你可以通过拒绝接受现实来与之进行对抗——这是很累人的，你也可以选择去接受它。这并不意味着你对它没有意见，或者你认为它是正当或正确的。你只是接受了它的存在。你可能会发现，相比在令人发狂的反复思考、反复努力和反复失败后被迫放弃，做出这样的选择要好得多。

“折磨等于痛苦乘以抗拒。”

杨真善（Shinzen Young）

一个有关正念的咒语

接受

那些

不能

被改变的，鼓起

勇气

去改变那些应该被改变的，
并获得区分两者的

智慧

坚定自我在广泛关系中的应用

让我们感到棘手的不仅仅是对于亲密关系的处理。许多客户之所以来见我，是因为他们在亲密关系之外的社交互动上出现了问题。我们会让别人来掌控我们的压力水平，这看起来真的很奇怪，但我们中的大多数人都感觉自己开不了口，没有能力说出自己需要多一点什么、少一点什么。

让我们花点时间来学习坚定自我（assertiveness），这样我们就能站起来，成为我们想要成为的人。

坚定自我是一种表达你的需求和感受的能力，也是一种以开放、诚实和直接的方式沟通你的观点或信仰的能力。当你坚定自我时，你尊重自己的各种权利，同时也尊重他人的权利和感受。在捍卫权利、寻求公平对待的同时，你生活中各个方面的压力——家庭、工作和社交中的压力——都能得到缓解。每个人坚定自我（或不坚定自我）的程度都不一样。我们每个人都处在类似下图中的某个位置上。

坚定自我在一个人的身上会有不同的体现——有些人可能会觉得很难在老板面前坚定自我，但在老朋友面前就容易得多。重要的是要记住，这不是一种我们无法摆脱的个性，而是一种我们可以学习和锻炼的行为。

我们为什么需要坚定自我

坚定自我的行为可以带来更强大、更有支持性的人际关系，有利于对抗压力。我们都希望被别人喜欢和尊重，让别人认为我们很友好、容易相处、总体来说是个不错的人。但是，如果我们太过“善良”，就会出现问题。如果我们害怕表达自己的观点，或者因为不想伤害别人的感情，害怕让别人感到失望就总是说“是”，我们就有了被利用的风险，尤其是被那些不关心你的人利用。

另一方面，如果你的沟通方法是更具有攻击性的，比如要求别人为你做一些事情但不考虑这对他们的影响，那么学习坚定自我的技巧也会对你很有帮助。或者如果你是消极进攻型——对于一些你不认同的事情，你会隐晦地摆臭脸或是暗中不帮忙，当你这样做的时候，你并不能得到你想要的，反而很可能以痛苦告终，你的人际关系也会变得不好。

坚定自我的言语交流

学会表达自己的想法是十分重要的。下面这个简单的模板可以帮助你和他人进行保持坚定自我立场的交流：

“当你……的时候”

坚持只摆事实——比如，对我大声嚷嚷。

“我感到……”

此处插入一个表示情绪的词，简单就好——比如，生气、悲伤、疑惑、恼火、不安。

“因为我……”

这里说一些关于你的事情——比如，感觉我的意见不受重视。

“以后，我希望……”

接一个明确的行动——比如，你能听听我的想法。

坚持自己的立场

有时候，尽管你尽了自己最大的努力去坚定自我，但对方似乎并不想尊重你的权利。你可能会觉得他们为了得到想要的东西不断地给你施加压力，而忽略了你礼貌的回应——也许他们是攻击型的，或者是消极攻击型的。

在这种情况下，最好的方法是复读机法（broken-record technique）[1]：只要需要，你可以不断地去重复一句直截了当的话，让对方清楚地知道你的感受、你想要什么、不要什么。你可以这样去做：

1. 坚持你的意见，不要被对方的辩解带偏。

2. 用支持性的评论表达你对对方的尊重（比如，“我能看出来你现在深受困扰，但是……”）。

3. 用一句简单的话申明你的观点（比如，“这周末我已经有安排了”），然后不断地重复。你可以在措辞上稍作变化（比如，“这个周末我已经约出去了”），不然可能听起来有点像机器人或是你没有在听对方说什么。

4. 克制你想要解释的冲动（比如，“我从来没有把周末的时间留给自己过，我今天真的很想去见见我的朋友”）。这样做没有必要，而且可能会让对方以为是有协商的余地的。坚持你的意见并且简而言之：“我已经有安排了。”

---

[1] 译者注：broken-record technique 的名称来源于黑胶唱片，破损的唱片不断重复播放几个词或一段音乐，形象地描述了这个方法的内容。在中文语言环境中，复读机可以形象地表达不断重复的意思，因此这里将它译作了“复读机法”。

面对批评

我们大多数人都会觉得坚定自我地接受批评是一件很有挑战性的事情，我们更容易把批评当成是针对我们个人的，尤其是当那些批评的话语没有经过深思熟虑就被表达出来的时候。

如果批评是有根据的、正确的，那就接受它。提醒自己你不是完美的，错误可以促进你学习。然后承认你在哪些方面需要做出改变，不要表达任何负面情绪，并感谢他们的反馈。

如果你不确定批评是不是正当、正确的，提醒自己这是一个学习的机会，你可以趁此知道更多的信息来使自己进步。用一种平静、开放的方式向对方了解更多细节，同时注意自己所有的非语言暗示（non-verbal cues，详见第 251—252 页）。你可以这样提问：

- 您觉得我可以改善哪些方面去提高自己的工作能力呢？
- 关于我该如何改善这个方面，您能否给我一些具体的意见？
- 您的建议对我来说非常宝贵。能否请您跟我详细讲讲您的担忧，这样我才能有所进步？

如果这些批评是真实的、有根据的，这个策略可以帮助你打开对话；如果批评不是真实的、有根据的，它也能让批评你的那些人感到难堪。

抵制破坏性的批评

很不幸，批评并非总是诚实的，也无法总以友善的方式表达出来。想要坚定自我地对破坏性的批评做出回应，你可能首先需要使用上面提到的询问策略，来判断这个批评是否正确且有道理。如果他们用进一步提供的信息告诉你，这实际上只是个破坏性的批评，那就用实事求是的态度表示不同意。在这个过程中，你要注意自己的非语言暗示——保持冷静，语气不要具有威胁性，眼神不要具有攻击性。因为在这种情况下，沟通很容易就变得具有攻击性或消极攻击性了。

下面是一些化解破坏性批评的例子：

批评：“你总是弄错。”

回应：“不，我没有总是弄错。我偶尔会犯错误，但不会一直搞错。”

批评：“你从来都没有准时过。”

回应：“不是的，我有时候会迟到，但我并非每次都迟到。”

另外一种策略叫作迷雾法（fogging），就是你对批评的部分内容表示认同，但主要目的是化解当前的状况。想办法对那些批评中的一小部分表示同意，这样做会帮助你消除它的破坏性力量。

批评：“你太不靠谱了。你昨天早上就迟到了，在我需要你的时候根本不能指望你在这儿。”

回应：“你说的没错，我昨天确实来晚了。”

要注意，你不是把批评的其他部分也全盘接受，你只是认同这一个事实。这样做能够在一定程度上帮助你缓和局势，为进一步的沟通提供可能性。

那些去斗争、去争
取或者去勇敢地表
达自己意见的人，
将会走得很远。

进入坚定自我的核心

使用下面的技巧（可能还有一点腹式呼吸的建议），为应对那些可能导致压力的让人感到不舒服的谈话或情况做好心理准备。

- 弄清楚你想要什么。
- 用以第一人称“我”开头的句子来表达对你来说很重要的意向——我需要，我相信，我想解释……
- 彩排！在你进去谈话之前，练习一下你可能会说什么以及怎么说。学习后页中有关坚定自我的“样子”的内容。想想对方可能会如何回应；做好承认的准备，然后重申你想要的、对你来说重要的和你希望发生的。

你允许的事情将会继续发生。

非语言沟通

在我们的互动交流中，非语言沟通（non-verbal communication）的“声音”是最响亮的。我们不断地发出或接收着无声的信号，这些信号强烈地表明我们是否在乎、是否诚实、是否在认真地倾听。

非语言性的坚定自我

让我们来看看一些常见的非语言沟通行为在表示坚定自我程度的表上处于什么位置（第 252 页）。为了更加自信、更有效地去交流，你需要确保你的非语言信号与你所说的内容保持一致。这有助于建立信任，让别人清楚地理解你，并增强你们之间的联系。

下一页的表格是一个很好的范例，应该能为你提供一个很好的起点，去帮助你认知和理解。

“他们也许会忘记你曾说过的话，
但他们永远不会忘记你带给
他们的感受。”

卡尔 · W. 布纳
（Carl W. Buehner）

	消极型	自信型	攻击型
非语言行为	回避眼神接触	频繁的眼神交流，偶尔看向别处	直视对方，目光固定，甚至是瞪着对方
	弯腰驼背（使自己看起来矮小），低着头	身体挺直，肩膀打开，直接面对着对方	站在某人近前（让自己看起来很高大），双手叉腰或双臂交叉
	语气过于轻柔	说话音量适中（既不会太轻柔，也不会太响亮）	说话很大声（通常带着怒火）
	带着抱歉的口吻说话。说话很犹豫，说话语速很慢或者很快	用礼貌但很坚定的口吻说话。脱口而出的每一个词都不会太着急或是很犹豫	用带有攻击性的口吻冲对方大喊大叫。没有迟疑，气急败坏，语无伦次
	很担忧或是很害怕的面部表情	友善的面部表情或者不动声色	一脸生气的表情
总结	没有坦诚地表达自己的想法和感受，这样就等于允许他人利用你或是不尊重你的权利。在避免冲突的同时想要取悦他人（例如："我想要什么并不重要，重要的是你想要什么。"）	在清楚、诚实地表达自己的同时，考虑到自己和他人的权利。不卑不亢地表达自己（例如："我们都看重的就说明是重要的。"）	发表不尊重他人权利的言论。支配他人，使他人处于劣势（例如："这就是我想要的，你想要什么并不重要。"）
结果（你/对方）	**损己利人**	**双赢**	**损人利己**

用正念意象法来对付复杂的思想

处理人际关系可能会给我们带来很多痛苦，占据我们很多思考的空间。不过很高兴我们现在知道可以用正念的方法来给大脑腾出一些空间，让我们可以去思考我们真正想要的东西。如果你仍然觉得进行正念练习比较困难，请明白我们每个人在进行正念练习的过程中都可能会出现杂念。我们每一个人都有觉得困难的时候，也不是每一次都是完美的。所以拥有顽固的想法并不意味着你在正念练习方面是糟糕的，也并不能说正念的方法不适合你。因为你是人，我们每个人都一样，内心都住着一个总是喋喋不休的评论家。

既然我们确实会心有杂念，那么就让我们把这些想法变成意识的对象，来进行更多正念方面的练习。这样，我们就能够让这些声音安静下来，而不是试图把它们赶走。要记住："你越是抗拒的事情，就越会缠着你不放！"

天上云朵

想象你躺在一片柔软的、厚厚的草地上，仰望着湛蓝的天空，看着云卷云舒。想象出一片晴朗的天空，天上飘着云朵。每当这个状态被一个想法所干扰，就想象这个想法驾着一片云飘过。不要陷入这种思想，也不要对自己发火；你只需要看着它乘着云朵飞走。你可以给它贴上标签——“工作的想法”“家庭的想法”等，然后观察它坐在云端飘向远方。每当你觉察到自己的注意力飘走了，对它报以微笑并温柔地把它拉回到当下，同时也要去注意那些进入你脑海中的别的想法。

水中涟漪

想象你站在一条浅浅的小溪中，清凉的溪水没过了你的脚踝，一股水流温柔地淌过。当你站在那里的时候，注意你脑海中出现的任何想法。把这些想法具象化成水中的涟漪，看着它们扩散，尽量不与它们接触以免产生想法被水流冲走的意识。相反，每当你发现自己被一个想法带走时，就把你的意识拉回到看着它顺流而下的状态。尽你所能不去评判这个想法，而是平静地看着它被水流带向远方。

Pick
one

林中落叶

想象你正站在一片茂盛的落叶林中，聆听大自然的声音，欣赏周围的树木。当你站在那里时，你注意到发黄的树叶从树枝顶端轻轻地飘落。每当有一个想法浮现在你的脑海中，你就想象它乘着一片落叶飘落在黑暗的森林地面。

静静地看着每一片叶子飘落，如果脑海中出现了一个想法，就想象自己捡起了那片叶子，把它放在一堆与这个想法有关的东西上。例如，如果有一个关于晚餐吃什么的想法产生，就把它放在“关于计划的想法”那一堆东西上；如果这个想法是不要忘记给同事发邮件，那就把它放在“关于工作的想法”那一堆。

不要因为自己被任何一个想法带走神而评判自己，也不要因为自己是否正确地标记了这些想法而对自己做出评判。给它们贴上标签只是为了让你摆脱它们，把它们视为与你无关的东西，而不是让你因此陷入其中。捡起每一片叶子，并把它们堆积起来。

有些人觉得，在脑海中想象上面描述的场景非常困难。没关系——关键是要找到适合你的练习方法。或许你更喜欢引导性的正念练习，即练习的全程需要有人用语言指引；也或许你更喜欢这本书中前面提到的一些别的练习。重点是把它们都试一试。你可能会对发现有用、适合自己的方法而感到惊喜。

练习关注眼前

当你需要保持头脑清醒的时候，这个美妙的练习可以帮助你变得更加专注。“关注眼前（in sight）”这个方法需要利用我们所有的内在智慧，它借鉴了辩证行为疗法，可以帮助我们做出重要的决定；或者在压力向我们吼叫时，让我们能够找到克服的方法，理解世界的意义。

和通常进行这类练习时一样，我建议你请别人把指令读给你听，或者自己先录下来再在练习时回放。

1 想象一下，在一个晴朗的日子里，你站在一个碧蓝的大湖岸边，四周环绕着郁郁葱葱的青山。现在把你自己想象成一块小石头——又轻又薄又平。想象你被轻轻地抛到湖面上，现在正慢慢地、轻轻地穿过平静碧蓝的湖水，滑落到湖底的泥沙上。

2 当你看到自己慢慢下沉时，深深地吸一口气。感受你内心的平静和松弛从中心流淌出来。想象温柔的波浪摇曳着穿过你的身体，穿过你的躯干，进入你的胸部、背部、手臂和双腿。当你的肌肉开始放松，开始变得柔软松弛时，慢慢感觉，让波浪放松你全部的身心。

3 当你想象自己慢慢地沉入湖底时，注意你所看到的和所感觉到的，同时尽最大努力平静自己内心的嘈杂。去感受平静、安宁与自在。当你到达湖底时，抬头透过湖水眺望远处的天空，将你的注意力集中在自己的内心深处。就像你注意到湖水的平静一样，也要意识到你内心的平静与安定。当你触摸到自己的内心时，将你的注意力集中在那里，感知周围的变化。保持在这里，你会找到自己想要的答案。

活在当下。

⑪几分钟的启示

马修·约翰斯通

当我还是一个负责大型项目的创意副总监时，一次，我和我的团队被召集到市中心和一位客户进行一次早会。我为此摩拳擦掌，因为我预感到这将是一次充满挑战且十分紧张的会议——我们正在讨论一个即将开始制作的电视广告中的音乐曲目。我和团队的成员尽了最大的努力去推销我们认为“完美”的曲目，但客户坚持要使用一首我们都认为很糟糕的曲子。

当谈判以失败告终，回到广告公司时，我做了一件十分愚蠢的事情——对任何愿意听我叨叨的人抱怨这条广告将会多么糟糕。如果你听了我的话，你会以为那个客户拿走了我的肾或是抢走了我的第一个孩子。

第二天早上，当我还端着一杯咖啡发愁时，我偶然在报纸上看到一篇文章，讲的是一个女人很不幸地因为建筑工地上的一堵墙倒塌而被砸死。我知道那堵墙的确切位置——在事故发生前不到20分钟，我还在去参加那个荒唐会议的路上路过了那条街。那一瞬间我感到整个人变得高度清醒了，甚至有点灵魂出窍，因为它让我意识到，如果我的车晚点了，如果我停下来喝了杯咖啡或者路上碰到了一个熟人，我现在就不可能读到这篇报道——我也不会现在在这里写这本书了。

这个可怜女人的悲剧让我意识到了很多东西：

- 生命可以是很随机的，随机到残酷；也可以是短暂的。
- 很多我们认为非常重要的东西其实并没有那么重要。
- 我们给自己带来的很多压力与我们的骄傲和自尊有很大关系，我们应该学会放手。
- 我们应该把每一天都当作是一个活得充实、平静、优雅、充满感激的机会，因为我们根本不知道接下来迎接我们的会是什么。

故事的道理

生活就像是一张彩票。

尽你所能做到最好。

7 限制，再见

做最好的自己

在这一章里，我们会向你介绍：

- 如何发挥你的潜力
- 当你感到低落的时候，如何给自己充电，让自己精神焕发
- 如何建立心理韧性，避免压力复发，让自己恢复生机、元气满满！

幸福的四个要素

这是一个我们都认同的事实——因为我们太忙了，所以我们没有时间去充实自己，哪怕我们都知道这可以给我们带来幸福感。请记住，你情绪的好坏和你所做的积极事情和消极事情的数量是相关的。

如果你做更多有益自身的事情，即使你很忙碌或者压力很大，你的感觉也会相对比较好。

让我们一起来看看能使你回到巅峰状态，帮你从容应对生活中的难题，并做出更好决定的四项最基本的“好建议”。

按时锻炼

锻炼是一件不费脑子的事情。尽量保证每两天进行一次至少30分钟的锻炼。每当我和新客户第一次见面，我问及他们是否有保持锻炼时，他们通常会说“不”。我一般会给出帮助他们定时锻炼的建议，因为免费的内啡肽会促进他们的健康。更多建议请参见第204—206页。

安然入睡

有个好的睡眠是十分必要的，这样你的大脑才能得到休整，你的身体才能进行自我修复，思绪也能得到清理。你需要花时间和精力来进行自我调整，保证自己拥有好的睡眠。更多建议请参见第 217—221 页。

充足的营养摄入

营养摄入对于我们的内心和感官接受感受至关重要。因为如果我们给予身体的燃料不足，它就不能为我们提供足够的动力，那样就终究会失灵。具体请回顾“负重，再见”的相关内容。

减少恶习

减少或戒除常见的不良习惯：抽烟、摄入过量的咖啡因、酗酒。想想你究竟想从这些物质中得到什么（比如，放松、更多精力、分散注意力）。其实你可以从别的东西中寻求相同的效果——通过放松技巧来恢复平静，通过体育锻炼来提升精力，以及通过正念的方法来平息你的思绪。

把锻炼、睡眠、营养和静心看作是自我关怀的终极行为。为了你自己去做这些事情吧，产生的结果也会感染你身边的其他人。

为了美好的一天，晚上睡个好觉
把锻炼当作疗愈的手段
为了你的健康，摄入有营养的食物
把正念和冥想看作可以治愈你的药

如何给身心俱疲的自己充电

你可能已经注意到，当你压力很大或情绪低落的时候，你一般什么事情都不想干。你可能会花更多时间去休息，用更少的时间去做事情，但却感觉更加疲惫。此时，你就有了被负面思想蛊惑的危险，不再去做那些别人觉得你应该做的事情，更不要说什么是你必须去做的事情了……这一切会使你感觉更加糟糕。这时你正在经历一个消耗周期（the deplete cycle）。

有一个简单的补救方法：行为激活（behavioural activation），这是一个众所周知的心理干预模型，可以帮助我们恢复精力，回归生活的正轨。行为激活这个词听上去有些复杂，但实际上并非如此。它只是让你提高行动水平，从而打破你的消耗周期，并让你开始进入与之相反的充电周期（the recharge cycle）。

动起来会让你的感觉变好，让你的意识从烦恼中解脱出来，帮助你觉得一切都在变得更好。它变成了一个断路器。所以，如果你现在觉得你的生活需要支撑着才能往前走，那就站起来跳一跳，原地快跑或者来一小段充满活力的舞蹈。你可能会觉得这有点傻，但几分钟后你就会感受到正能量。增加运动量实际上会给你补充更多的活力，而不是把能量带走。你继续前进的动力也会得到增强。我们的计划是将一些简单的生活任务和一些复杂的事项综合起来，然后再加上一些有趣的、能够提升你情绪的活动来平衡一下。先从一项活动开始，因为运动本身就会改善你的感觉，从而激励你把下一项任务从清单上画掉，进一步提升你的情绪。这就创造了积极的动力，使充电周期能够占据主导。

不要被你的思想所控制，它可能会告诉你，你不配去进行一个有趣的活动，也不应该享受任何美好的东西，直到你完成了清单上的所有任务。但是要记住，只工作不玩耍，聪明孩子也变傻[1]，然后你会变得紧张，最后抑郁。总的来说，如果在刚开始的时候就给自己安排一些有趣的活动，那么能完成的事情会变更多。请按照第268—269页中的步骤来给自己充电。

下次当你再感到情绪低落的时候，
站起来走一走。
挺直肩膀，挺起胸膛，面带微笑，
大步前进，迎接过路人的目光。
这叫作“假装你可以，直到你真可以”。

[1] 译者注：原文为All work and no play makes Jack a dull boy，是一句俗语。但很多人知道这句话是因为它是电影《闪灵》中的一句经典台词。

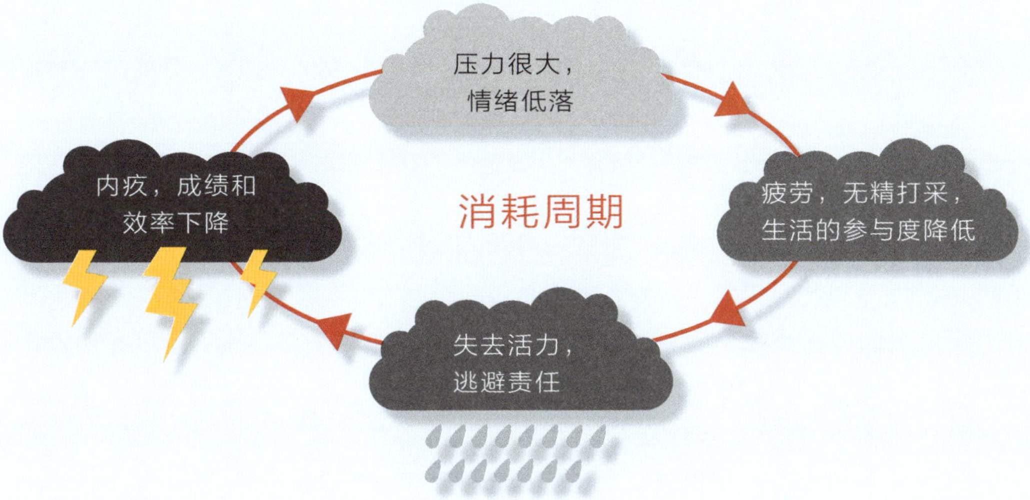
压力很大，
情绪低落
疲劳，无精打采，
生活的参与度降低
失去活力，
逃避责任
内疚，成绩和
效率下降
消耗周期

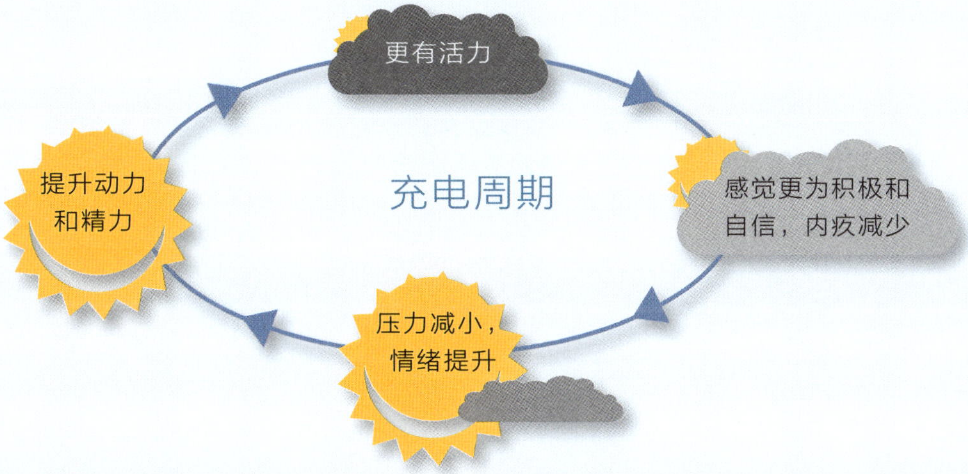
更有活力
感觉更为积极和
自信，内疚减少
压力减小，
情绪提升
提升动力
和精力
充电周期

激活充电周期

想要激活你的充电周期，只需简单两步。

第一步

制定一个时间表

用一个笔记本列出一张待办事项清单，列出你想要在下周之内完成的事情，记住，只是下一周的待办事项。请确认其中包括的琐碎小事，比如你一直在拖延的、简单易行的小事（比如跑腿、约会、遛遛狗）。当然，也要包括一些稍大一点的事项（比如，完成报税的书面工作，完成一个工作上的项目），但是不要太多，因为当前你需要保证你下一周的任务量不会超负荷。你还可以考虑制定一个优先级列表（第 167—168 页）来帮助自己实现更大的目标。

一旦你完成了这些，你会感到更轻松了，负担也没有那么重了。一份书面的清单会让你觉得事情都变得更容易处理了。你会发现，如果你试着把所有的任务都记在脑子里，你会觉得要完成的任务很多，难度也很大。

第二步

平衡你的责任和乐趣

想要制定一个有效的时间表，需要你用脚踏实地的目光去看待事情——什么是可以实现的，什么是超负荷的，尤其是在充电周期的早期阶段。你想通过前期的胜利来为自己的后期成功做好准备，而不是刚开始就宣告失败。

这同样也适用于有趣的事情。看看右边列表中的充电活动，这些可能是你会喜欢做的事情，或者是为了完成清单上的任务而奖励自己去尝试的事情。这些事情或许你过去喜欢但现在不怎么做了，因为你“没有时间”。由于你正在充电……那么现在就来做做这些事情吧。

为自己准备的充电活动

- 外出走进大自然（去公园或是乡下）。
- 外出野餐或与朋友聚会。
- 去看电影。
- 外出散步。
- 进行一些艺术创作，或者玩一件乐器。
- 去旅行或是去度假。
- 出去吃饭。
- 参加一项体育赛事。
- 去现场看戏剧、音乐会或喜剧。
- 去海滩玩耍。
- 与一位好友或家人进行一次长谈。
- 去潜泳。
- 享受一些体育锻炼。
- 烹饪料理，并和他人一同美餐一顿。
- 享受独处的时光。
- 陪伴你的家人。
- 去一个祷告的场所。
- 做一些园艺，或者做手工。
- 聆听或是唱你最喜欢的歌。
- 读一本书。

奖励你自己
冰激凌店

五感冥想法

现在你应该已经知道，你不需要像拧麻花一样把自己拧起来，才能获得正念的益处。我们希望，正念练习中各种各样的意识对象能让你找到真正对你有用的东西。

最后一个冥想练习将向你展示，正念练习其实是很简单并且方便进行的。和往常一样，你可以让别人把引导性的话语读给你听，也可以在设备上提前录下来，然后在飞行模式下播放。

1 以舒服的姿势坐着，上身直立，双脚平放在地板上。把你的双手放在大腿上，尽量保持放松。保持自然、均匀呼吸。不要过于担心你的呼吸方式，只需要让气息进入你的身体，离开你的身体，注意到它使你的思维变得平缓。进行这个动作一分钟左右，直到你开始感觉到平静。

2 现在你需要调动你的五种感官了，每次只涉及一种感官，调动每种感官至少一分钟。如果你有更多的时间，进行的时间可以更长。把你的注意力集中在现在，注意你的每一种感官是如何参与到当前的任务中的。

视觉 把你的视觉注意力全部集中到你周围的事物上。注意你周围环境中所有事物的颜色、形状和质地。无论你周围的环境是好是坏、是新是旧……都不要去评判它们，只是去注意到它们的存在即可。当你集中注意力的时候，你可能会注意到一些你以前看不到的事物：新的物件、新的色调等。你可能很难完全忽视其他方面的感官，但尽量只去关注你所看到的。当你这样做的时候，你会注意到几乎所有的东西在颜色和形状上都是不同的，而且单单只是因为光线照在物体上的位置不同，就会产生不同的视觉效果。你的任务是去注意，而不是去评判。

听觉 把你的注意力放在你周围的所有声音上。只是去注意到它们。不要试图去弄清楚这些是什么声音，或者它们是从哪里发出的。它们没有好坏之分，所以不要去评判，只需要接受它们的存在就可以了。随着时间的流逝，你可能会比开始时注意到更多的声音——也许是一些更为细微的声音。记住，在这个过程中要保持平稳、均匀地呼吸。

嗅觉 现在，请把你的注意力转移到任何你能闻到的气味上。这其中有些气味可能比其他气味更为强烈。你可以闭上眼睛，这样或许能够帮助你专注于感受一些更为细微的气味。把它们记录下来，不去妄加评论。有时候，一种特定的气味可能会让你想起别的东西，但是请把你的注意力拉回到气味本身——集中在它的强度、香味和其他的特质上。保持呼吸平稳。

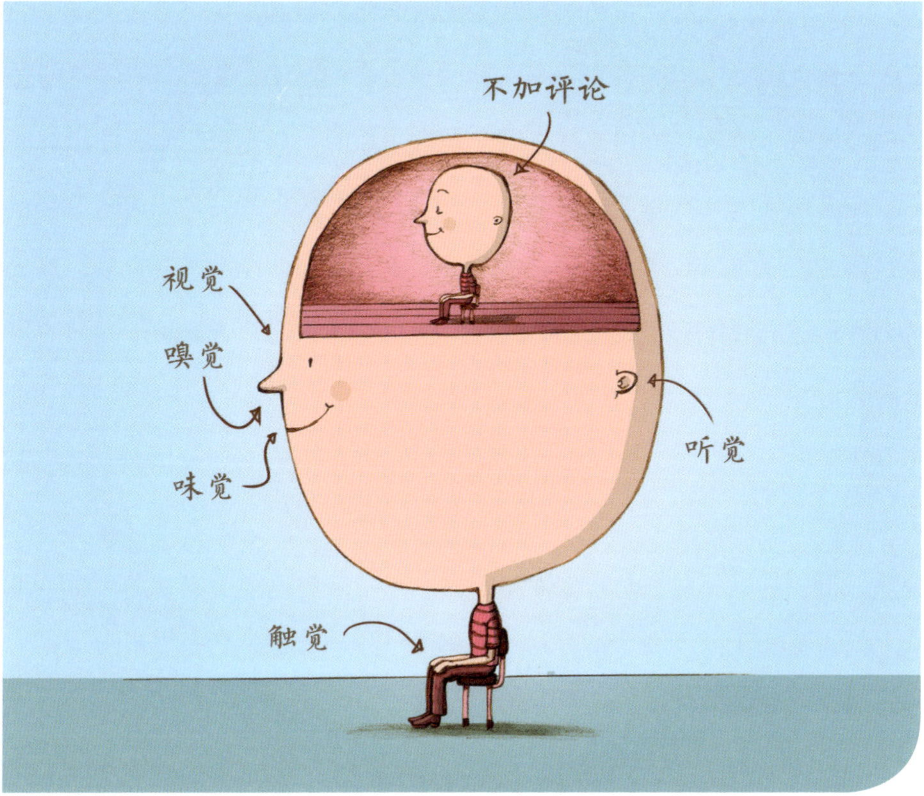

触觉 现在把你的注意力都集中在你能触摸到的东西上。让你的意识来到你的双手放在大腿上的位置。注意你的手和手臂接触到另一个表面的感觉——可能是衣服布料的质地，大腿的温度，椅子的塑料感或冰冷的金属质感。注意你的脚和地面之间的压力，感觉你与大地的联结、你的双脚踩在鞋子里或是光脚踩在地板上的感觉。把你的注意力转移到身体的其他部位，以及任何你可能正在体验的感觉上——也许是你吸入的空气的凉爽感和你呼出的空气的温暖感。

味觉 最后，把注意力放在味觉上。即使你没有任何可以放进嘴里的食物，你仍然可以把注意力集中在你的嘴巴上——注意嘴里是有味道的还是完全没有味道的。我们的嘴里通常是有味道的，只是我们没有注意到而已。如果你确实有吃的，那么就咬一小口，然后注意所有产生的味道和口感，以这是你的最后一餐的状态去感受食物。如果你没有任何食物，那么就感受你嘴里的舌头、唾液和呼气时的气息。用你的舌头去舔一舔你的每一颗牙齿和口腔——关于它们，你有什么可以告诉别人的？保持呼吸平稳，至少再坚持一分钟。

3 当你觉得可以了，就把你的全部意识带回到这个房间，随着每一次呼吸，让自己进一步放松。请注意，我们一天中的每一次呼吸都为我们的自我放松提供了机会，让我们能够关注眼前。

这个方法不需要我们花上 15—20 分钟时间去静坐，来获得内心的平静，它就像我们每天随身携带的物品一样，可以随时取用。保持平静应该就像穿着我们最喜欢的毛衣一样。

⑫胆量的启示

马修·约翰斯通

有人说，公开演讲和心脏手术一样，是人们生活中最害怕的事情之一。如果恐惧会导致压力，那么它就让我得出了这样一个结论：我做出了一个糟糕的职业选择！

2005年，在我第一次在一所大学的校友会上发表主题演讲前夕，我的共同演讲者——精神病学杰出教授、黑狗研究院创始人、澳大利亚官佐勋章获得者戈登·帕克教授（Professor Gordon Parker）给我打了一个电话："嘿，马特，我要告诉你一个你会感兴趣的消息，我们明晚演讲的观众席位已经全满了。"我紧张地问："那总人数是多少？"他说："哦，大约140人。但问题是，他们不知道如何处理另外650名已经回复要出席活动的人。"

我已经因为期待这次的活动而经历了好几个不眠之夜，但这通电话却让我的这种情绪上升到一个全新的高度。长话短说，我完成了我的演讲，一切都进行得非常顺利。在我感叹终于结束了，一心只想快点走下舞台的时候，主持人却拦住了我，让我回到台上回答一些问题。此时，我不得不尽全力去控制自己，才能不让自己把漂亮的西装和鞋子吐得一塌糊涂。

在那次活动之后我意识到，如果我能在如此规模和水准的场合下和别人交谈，那么我就能在任何地方和别人交谈。谢谢你，帕克教授！

现在，我几乎每两周就会开展一些演讲。虽然我还是会紧张，但是公开演讲的行为会迫使我主动去缓解自己的压力，并通过一些做法来让自己那些心悸、口干、手心出汗和恶心的感觉得到控制。这些做法包括：

- 前一天晚上睡个好觉。
- 当天早上进行体育锻炼。
- 演讲前进行冥想。
- 演讲的同时保持正念。
- 全程保持深长、平静而又缓慢的呼吸。

故事的道理

如果你感受到了挑战，它会激发出你强大的力量。

心理韧性是
“回弹”的艺术。

建立心理韧性

减轻压力复发风险的一个可靠方法就是建立你的心理韧性，从容面对生活中不可避免的起起伏伏。心理韧性是你内心强大的对自我的认可和信任，知道自己能够应对所面临的事情。

我发现心理韧性是一个非常鼓舞人心的概念。对我来说，这意味着我们经历的所有挫折都没有白费，这将使我们更轻松地承受未来道路上的重重考验。等我们每个人都经历了无数的挑战时，我们也就拥有了一定程度的心理韧性。但是，如果我们知道自己可以去主动增强这种能力的话，我们会感到更加安心。

通过阅读这本书，你已经为自己建立心理韧性做了许多努力。你已经学会了很多有用的方法来思考自己的问题，管理自己的情绪，更好地应对压力对于身体方面的影响。浏览一下你的笔记本，提醒自己已经取得的进步。现在，让我们把思绪集中在一些关键点上，保持这种控制思绪的习惯可以让你变得坚强，更好地去沟通，更好地管理你的压力。想想其中哪些事情是你可以很自然地做到的，哪些还有可以改进的空间。

坚持住

有时，事情会变得很麻烦，你可能会一整天、一周或是更长时间内都感到自己承受着很大的压力。当你陷入困境时，提醒自己“一切都会过去的”。要对自己充满信心，要知道你已经经历了生活中许多困难的时刻，并且都一一挺过来了。

拥抱支持

当你感到有压力或情绪低落时，你很容易把自己封闭起来，但这只会让你感到更加孤独，产生被孤立的感觉。你的朋友和爱你的人会给予你保

护，不让你感到孤单。他们会给你提供一个全新的视角，使你的注意力得到转移，这对你是有帮助的。他们还会帮助你重新站起来，让你知道你是很重要的存在。所以，即使你不喜欢表现出你的挣扎或脆弱，也要敞开心扉接受别人的支持，这样你会恢复得更快。独自一人承受压力是不被提倡的行为。

让大脑去度假

我们的大脑总处于非常忙碌的状态，大多时候还总会产生各种担忧的情绪。所以，全神贯注投入到你此时正在做的事情中对你的大脑来说其实是一种休息，牢记这一点非常重要。

每天去做一件你可以把身心完全投入进去的事情。想想所有你想做的事情，从中选一件你现在就想做的事情（如果你感到有压力，那就选一件好玩的事情）。当你开始的时候，你的大脑可能会告诉你，还有许多其他的事情是你需要去完成的。但是请忽略它，然后全神贯注地让自己投入到这项活动中。抛弃那些对事情完成程度和完成时间的担忧，只是专注于享受完成的过程就够了。

笑一笑，十年少

幽默是解压的良药。当我们有压力时，我们会把自己的处境看得过于糟糕。笑声可以证明生命中还有很多有趣的东西，它可以保护我们远离“过度严肃症”！笑可以减少应激激素的分泌和减缓应激反应，这意味着我们可以从一个新的角度去看问题，把问题想得更明白。

所以，停下手中的事休息一会儿，做一些能让你感到开心的事情。试试大笑瑜伽（laughing yoga）；跟朋友开玩笑；打电话给一位同事告诉他“你太忙了，没时间和他说话”，然后就挂掉电话。任何搞笑的事情都可以！

发展一个爱好

让我们感到有趣、放松、愉快的爱好可以消除我们所承受的压力，让我们得以充电。把你的大脑从日常的烦恼中完全解脱出来，这对恢复大脑的正常运作是至关重要的。这就像是按下你大脑中的“撤销”键。这些中间休息的时间将告诉你，并不是所有的事情都必须集中在这一刻去处理，还有很多积极的事情值得你去期待。

心怀感恩

正如我们所看到的，花点时间去记录下我们在过去的一天或一周之内所取得的成就，或者记录下我们欣赏的事物，可以提升我们的整体幸福感并有利于我们去应对压力。无论你的生活中有什么忧虑，感恩是可以停放你所有烦恼的停车场，让你专注于欣赏生活中美好的东西——不论大小。

当我们这样做的时候，我们会感觉生活更美好，对未来的一周也会保持更加乐观的心态。

关心自己，奖励自己

奖励有利于我们进步。因为自己改变了旧的模式而奖励自己，这会让我们觉得更值得、更容易坚持下去。我们不仅要为今天而活，也要为明天而活。什么样的奖励或者"鸡血"才是好的，才能激励你不用老方法去度过困难时期？

用简单的快乐奖励你自己！

- 外出散步。
- 约见一位朋友。
- 看一部电影。
- 烹饪美食。
- 外出吃大餐。
- 吃一些解压食物。
- 做个按摩。
- 跟你的伴侣来一次浪漫约会。
- 陪陪你的家人。
- 读一本好书。
- 去游泳。
- 跟一位好朋友打电话。
- 听音乐。
- 无所事事……

当欢乐来临时，
就抓住它。

制订健康计划

我们已经清楚地了解到，当需要做出改变的时候，我们的大脑总是可以编造出一个令自己信服的不去改变的借口，无论这个变化实际上是好还是坏。迈向改变的第一步总是可怕的，因为它意味着你要远离过去的自己了。选择去减少压力，就是做了一个未知的选择。一般来说，如果你对未知事物持有不喜欢的态度，这意味着你可以勉强接受不快乐、有压力但熟悉的自己。你希望魔镜能给你一个绝佳的理由让你去冒险。

花点时间思考一下“不改变”这个议题。你现在的生活是什么样子的？这是你想要的吗？这些就是你应得的吗？不，它不是。那么就让我们开始行动吧，而不是坐等灵感的降临。

制订一个健康计划实际上也是为了让你明确我们前面介绍的所有减压技巧中哪一种最适合你。我们称之为计划，是因为它列出了为了达成我们的目标——远离压力，我们需要采取的具体步骤。它就像一张地图，即使我们被当前的处境蒙蔽了双眼，看不清路线，我们也会坚持跟随。当然，最困难的部分就是我们的大脑中形成的思维，而且压力会让它变得更糟。

获得动力

这里有几个针对你的健康计划提出的小建议：

- 注重开始而非结束。
- 消除干扰。
- 不要寻求别人的认可。当你的状态积极向上时，别人会认同（并追随）你的。
- 不要再去想事情应该怎样，而是去接受它原本的样子。
- 规定在一段特定的时间内去实行你的计划，以此来创造一些动力。
- 明白你在计划中投入的越多，你就会收获越多。
- 记住，延迟满足（delayed gratification）会带来无限大的满足感。
- 让计划变得有趣，并奖励自己的努力。

脚踏实地

通常情况下，当我与备受压力困扰的客户探讨，如何才能让他们回归正轨时，他们会在谈到未来的时候变得非常兴奋，而且还会积极自发地制订非常夸张的健康计划。我记得有一位客户制订了这样一个每周计划：一周内有 4 天是步行去上班，有 3 天要去健身房，每天下午 5:30 下班，周日还要打一场高尔夫。问题是，他现在每天都要工作到晚上 9 点或 10 点钟，为了方便，他一边走路一边吃东西的行为根本不是在进行体育锻炼。我试着建议他从一些更容易做到的事情着手。我向他描述了一个我用来衡量制订的计划是否健康的标准——从 0 分到 10 分的计量表（0 分表示不可能完成的计划，10 分则表示可以轻而易举完成的计划），并建议他把目标设定在 7 分——每周绕着家附近散步两次，每次大约 10 分钟。

开始阶段，只需要你获得一些小小的成功去建立起你可以改变生活的信念，这样就算是成功了。所进行的活动的积极方面自然会使你坚持下去的信念得到强化，这样你会更愿意继续前进、继续进步。就是这么简单。所以把 7 分作为你的目标，然后开始这个计划吧。为什么在轻而易举就能成功的计划面前，还要让自己选择失败风险很大的计划呢？

如何制订你的健康计划

从这本书中选择你喜欢的技巧和方法，然后在你的笔记本中，把它们放在下列表中合适的小标题下：身体、心灵或情绪。这些将是你处于危急时刻的速效救心丸。把它们写下来就意味着当你开始感到压力的时候，你不需要再去焦虑自己应该做什么了。在这些时候，你的大脑只会关注所感知到的现实威胁，而不是去放大威胁。每天练习这些技巧不仅能减轻你感知到的压力，还能够让你在压力大的情况下也可以处理好事情。

下面是我的一位老客户的健康计划表。它很好地结合了放松学习、平衡身心以及摆脱恐惧方面的活动。

身体	心灵	情绪
腹式呼吸	IDEAL 问题解决模型	正念呼吸
充电活动	思维挑战导师	应对性陈述
渐进式肌肉放松法	SMART 目标设定	五感冥想
享受愉快的活动	思维解离	自我关怀
体育锻炼	ABC 压力模型	随缘行善

避免压力复发

如果反复阅读完《再见，压力》这本书之后（或者只是浏览了其中的插画部分），压力再次来访，愤怒再次出现，挫折也再次到来，这并不意味着你就一朝回到了解放前。在这样的时候，问问自己这个情况是不是真的就那么严重（你是否把它灾难化了）。如果只是专注于回到基本的状态，你能回到正轨上吗？请把你的嘴角向上扬，露出一个微笑，提醒自己取得的进步，然后用你所学到的东西计划下一个阶段。

花点时间

压力就像一股强劲的风，不断地席卷着我们。但是请知晓，虽然你永远无法控制风的方向，但你可以随时调整船帆来掌握你的航向。这里有两个技巧可以让你前进的航船保持平稳，防止你再次航行到风雨交加的海域当中。

1. 明白那里有什么

接受你所面对的东西——无论是在你的内心世界还是外部世界，这会给你带来很大的好处。接受并不意味着放弃，完全赞同正在发生的一切或者认为所发生的一切不存在任何问题。它只是让事情回归正轨的第一步。正如知名心理学家和理论家莱斯·格林伯格博士（Dr.Les Greenberg）所说："你只有先到达那里，然后才能说你想离开。"接受和去了解让我们有时间停下来、变得冷静，停止消极思维的循环，有效地解决问题并做出明智的回应。接受现实吧，给自己一些喘息的空间。

2. 充满正念的回应

正念的确可以帮助你找到那个让你爆发的导火索，或者让你意识到所

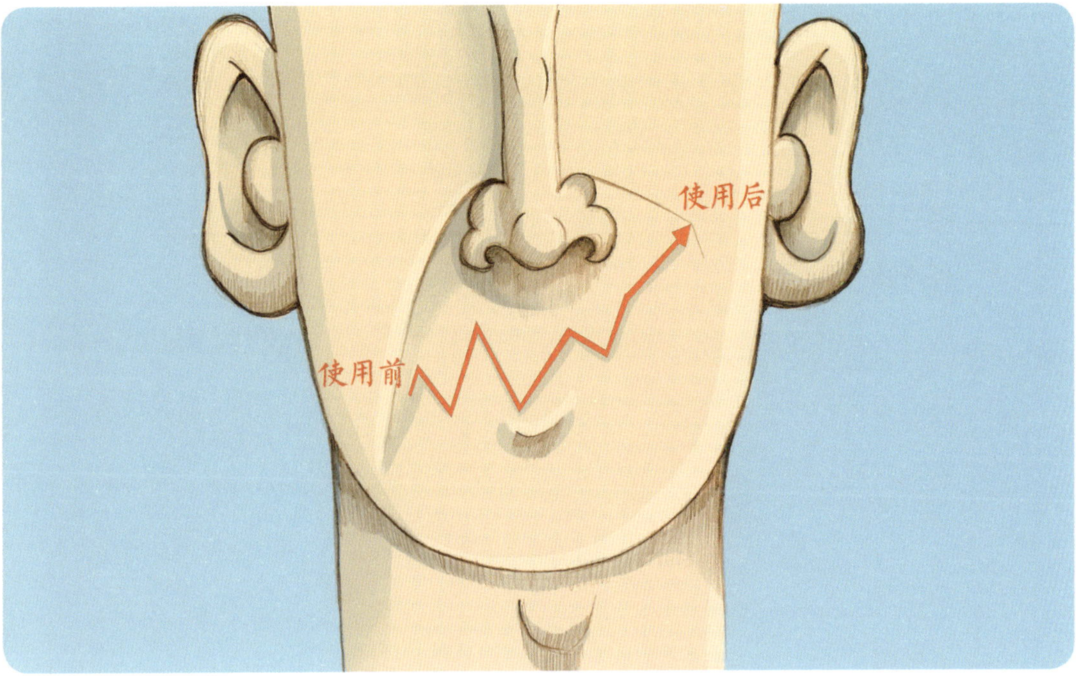
使用后
使用前

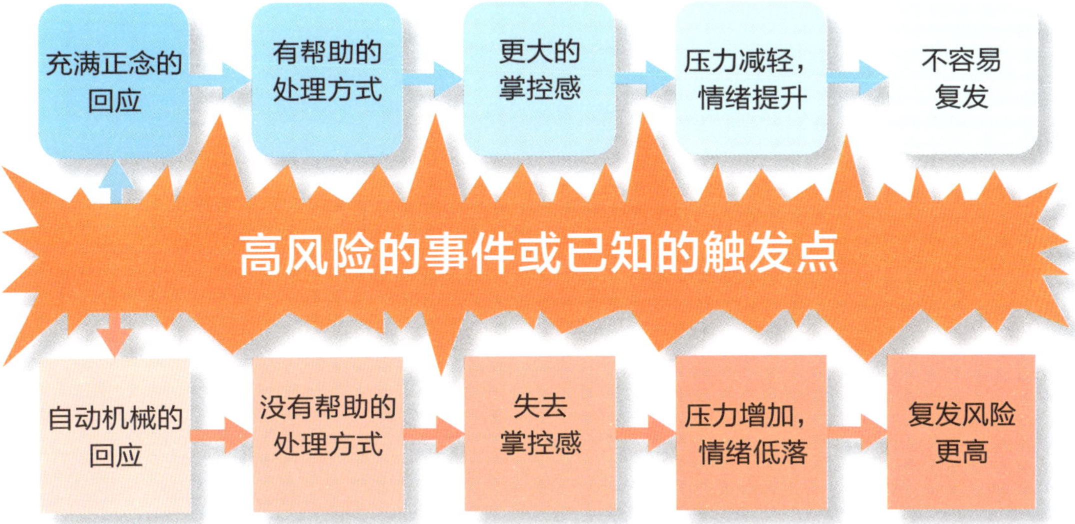
充满正念的回应
有帮助的处理方式
更大的掌控感
压力减轻，情绪提升
不容易复发
高风险的事件或已知的触发点
自动机械的回应
没有帮助的处理方式
失去掌控感
压力增加，情绪低落
复发风险更高

有那些慢慢使你崩溃的小事情。

有三个简单的步骤可以帮助你做出明智的回应：

第一步

停下来

去注意你现在的状态，你的身体感觉如何？注意你身体产生的应激反应，以及它使你产生的感受。承认自己身体出现的感觉，知道它们很快就会过去，明白它们总会过去。

第二步

去呼吸

把你的注意力放在自己的呼吸上。你的呼吸是在胸腔里进行还是在腹部进行的？放慢呼吸的速度，尝试进行腹式呼吸。提醒自己，当你达到“关注眼前”的状态（第 256—257 页）时，你就能想出办法来摆脱不好的情绪了。选择给自己一些时间思考，而不是机械地做出本能反应。

第三步

去思考

注意任何突然出现的、无益的（通常是重复的）想法。提醒自己它们只不过是一些想法，而不是事实或命令。问问自己：这个想法是让你感觉更好，还是更糟；它会帮助你前进，还是让你停滞不前？

压力最痛恨的莫过于一个周密详尽的计划。

预警信号与行动计划

通过这本书前面的内容，你应该了解了压力的预警信号是什么。下面是一个有关我的例子。

预警信号	感受与情绪	结果
和同事交谈的语气变得严厉	变得不知所措、内疚、悔恨	一整天都躲在自己的办公室里，晚上也会回避朋友和家人

一个行动计划可以保证你下一次面对压力时做出更好的反应。它可涉及很多方面。首先，在你的笔记本上记录下你早期感受到的压力预警信号，然后试着将每一个信号与相应的积极的应对策略相匹配，这些积极的应对策略会创造一种与你的情绪指示相反的行为。例如，如果你想要孤立自己，那么就一定要去试着和别人待在一起；如果你感到悲伤和无精打采，那么就安排一项能让你精力充沛的活动。在选择你的行动方式时，斟酌利弊是很重要的，这样才能确保你最初的努力（通常也是最难的部分）是值得的。

预警信号	行动计划	好处	弊端
孤立自己，易怒，不好好吃饭	参加一堂健康膳食的烹饪课	结交新的人，积极地去社交，获得有趣放松的心理环境，可以做到正念，学习一项新的技能，吃到美味的食物	需要花费精力找到自己的位置，需要克服消极心理，和陌生人相处会觉得尴尬
感到不知所措，不进行体育锻炼，不好好睡觉	参与保护动物的志愿者活动	找到充满活力的状态，呼吸到新鲜的空气，得到了锻炼，达到每日运动步数的目标，可以和动物以及新结识的人愉快相处，做善事	可能会产生“我太忙了”的想法，容易和动物们产生深厚的感情，遇到凶猛的动物

享受一件愉快的事物

避免在压力复发之前或复发期间出现可怕的恶性循环的一个关键方法，就是改变我们对“当下”的体验。很简单：

1. 选一件美好的事物——它不需要很奢靡。

2. 享受这个体验。

如果你注意到出现了一些早期的预警信号，那么每天至少给自己安排一件感到愉快的事情去做，让自己远离压力和纠结的困扰。不要用太忙或是压力太大这样的借口来告诉自己：“我什么也做不了！”遇到这样的困扰，拿出你的笔记本记一些简单的日志，就像下面这样。

描述这个体验	描述你的感觉。你在自己的身体里注意到了什么	描述你的感受、想法和情绪	你学到了什么
星期一 下班走路回家时，我停下来在公园里坐了一会儿。我把鞋子脱掉了，感受脚趾踩在青草上的触感，看着鸟儿嬉戏歌唱	我面部的紧绷感消失了。我感到肩膀也放松了，整体更轻盈了。我的脸上露出了微笑	轻松、舒适和解脱。“生活也没有那么糟糕。大自然真美好，不是吗？太阳升起又落下，哪怕今天是个不好的日子，鸟儿依旧会歌唱。”	放松下来、恢复平静其实很容易。诀窍就是记住去这么做

“那些在狂风中低着头的芦苇要比在暴风中被连根拔起的大橡树更加强壮。”

《伊索寓言》[1]

[1] 译者注：原文为“The green reed which bends in the wind is stronger than the mighty oak which breaks in the storm”。出自《伊索寓言》中的《芦苇与橡树》。

事情总会发生，那么就
接受它，学会放下自己
强烈的控制欲。

最后的感想

这是我想在最后说的一些话。你可能还记得我曾在引言中提到，我们的神经在面对压力时会做出夸张反应，给我们的身体带来更为强烈的情绪和感觉，敏感化正是这一现象的解释。在我们的现代生活中，持续的恐惧和紧张使我们的神经以这种夸张的方式做出回应，强化了压力通路，增加了我们精神和身体上的损耗。

不去本能地抗拒，去接受事物本来的样子，对那些我们无法控制的事情做出让步，这样我们才能深入大脑中重要的部分，让它帮助我们解决眼前的困境，让我们的身体得到放松并恢复到“我很好”的模式。事情就是这么简单。

本书中的一些减压方法刚开始可能会让你感觉有些笨拙或尴尬，但这并不意味着它们不好或者没有效用——你只是需要在你的大脑中建立起新的解决问题的通道。当你这样做的时候，解决问题的办法就会很自然地出现，你的思想和身体会发生与以往截然不同的变化，你就永远地和压力说再见了！

谢谢你陪同我一起踏上这段旅程。

鸣谢

特别感谢英格丽·奥尔森、丹尼尔·沃克、妮可拉·杨、娜奥米·范·格罗尔以及十分敬业、全力支持我的潘·麦克米伦澳大利亚出版公司的团队，感谢你们让这本书的面市变成可能。

感谢我的代理商皮帕·马森和柯蒂斯·布朗的团队，感谢你们一直以来的支持和指导。

感谢我合作过的团队成员——特别是阿丽亚娜·达尔海默、利斯贝·吉尔林斯和凯瑟琳·弗莱彻博士，感谢你们贡献的研究成果和理念以及提出的编辑意见。

感谢苏珊娜·格珀特在设计和排版方面的莫大帮助，感谢凯莉·安杰尔在插图上色方面的帮助。

感谢充满创造力的你们——包括我们的家人、朋友、研究人员、同事和客户，是你们的支持、建议、鼓励和启发让我们共同开启了这段减压之旅。

非常感谢！

新的开始

参考书目与资料来源

我们跟压力说再见的故事

压力对我们的大脑有害：大量证据表明，压力可以造成人类和动物的认知功能障碍和神经元的萎缩。请阅读以下这些论文，它们出自重要的研究人员，对相关研究进行了出色的总结：S.J. 卢平（S.J.Lupien）等，《人类衰老过程中的皮质醇水平能够预测海马神经元的萎缩和记忆缺陷》（*Cortisol levels during human aging predict hippocampal atrophy and memory deficits*），出自《自然神经科学》（*Nature Neuroscience*），1998 年，第 1 卷，第 1 期；S.J. 卢平等，《压力对大脑、行为和认知在一生中的影响》（*Effects of stress throughout the lifespan on the brain,behaviour and cognition*），出自《自然评论：神经科学》（*Nature Reviews：Neuroscience*），2009 年，第 10 卷，第 6 期。

前言

有关汉斯·薛利以及早期关于压力的观点：S. 萨博（S.Szabo）等，《汉斯·薛利的遗产以及压力研究的起源：回顾他给 < 自然 > 杂志编辑具有里程碑意义的简短信件之后的 75 年》（*The legacy of Hans Selye and the origins of stress research:a retrospective 75 years after his landmark brief "letter" to the editor of "nature"*），出自《压力》（*Stress*），2012 年，第 15 卷，第 5 期。

压力与疾病：M.R. 萨利赫（M.R.Salleh），《生活事件、压力与疾病》（*Life event,stress and illness*），出自《马来西亚医学科学杂志》（*Malaysian Journal of Medical Sciences*），2008 年，第 15 卷，第 4 期；S. 西蒙斯和 J.C. 西蒙斯（S.&J.C.Simmons），《测量情商》（*Measuring Emotional Intelligence*），

峰会，纽约，1997年；A. 内鲁卡（A.Nerurkar）等，《当医生针对压力提出建议时：一项全国性研究的结果》（*When physicians counsel about stress.results of a national study*），出自《美国医学会内科杂志》（*JAMA Internal Medicine*），2013年，第173卷，第1期；H. 埃维（H.Avey），《健康护理人员在压力与健康疗效方面的培训、认知与实践》（*Health care providers' training,perceptions, and practices regarding stress and health outcomes*），出自《国家医学协会杂志》（*Journal of the National Medical Association*），2003年，第95卷，第9期；J. 托马斯和J. 卡明斯（J.Thomas&J.Cummings）（编），《心理治疗的价值：尼古拉斯·A. 卡明斯论文集》（*The Value of Psychological Treatment:The Collected Papers of Nicholas A.Cummings*），泽格、塔克和泰森出版社，2000年。

世界卫生组织关于解决精神卫生疾病紧迫性的讨论：《精神疾病的全球负担以及在国家级卫生和社会部门做出全面协调反应的需要》（*Global burden of mental disorders and the need for a comprehensive,coordinated response from health and social sectors at the country level*），世界卫生组织，2011年12月。

那些生活中给我们造成压力的事情：澳大利亚心理学协会的年度压力与幸福调查持续显示，使我们产生压力的总是同样的生活问题——比如，请参考《压力与幸福：澳大利亚人如何面对生活》（*Stress and wellbeing:how Australians are coping with life*），澳大利亚心理学协会，悉尼，2015年。

应激反应通路是如何进化与加强的：D. 契切蒂和E.F. 沃克（D.Cicchetti&E. F.Walke），《压力与发展：生理与心理方面的后果》（*Stress and development:biological and psychological consequences*），出自《发展与精神病理学》（*Development and Psychopathology*），2001年，第13卷，第3期。

1. 压力，再见

我们为什么会有压力

凯莉·麦高尼格博士及其同事的研究表明，我们看待压力的方式对我们或好或坏：A.J. 克拉姆（A.J.Crum）等，《重新思考压力：心态在决定应激反应中的作用》（*Rethinking stress:the role of mindsets in determining the stress response*），出自《人格与社会心理学杂志》（*Journal of Personality and Social Psychology*），2013 年，第 104 卷，第 4 期，第 716—733 页；A.J. 克拉姆等，《压力心态在面对挑战与威胁压力时形成的认知、情绪和生理反应中的作用》（*The role of stress mindset in shaping cognitive,emotional,and physiological responses to challenging and threatening stress*），出自《焦虑、压力和应对》（*Anxiety,Stress and Coping*），第 30 卷，第 4 期；凯莉·麦高尼格，《压力的好处：为什么压力对你有好处，以及如何擅于利用它》（*The Upside of Stress:Why Stress Is Good for You, and How to Get Good at It*），企鹅兰登书屋，纽约，2015 年。

作为应激反应的一部分，我们大脑的理性部分是不参与的：A. 昂司顿（A.Arnsten），《影响前额叶皮层结构和功能的应激信号通路》（*Stress signalling pathways that impair prefrontal cortex structure and function*），出自《自然评论：神经科学》，2009 年，第 10 卷，第 6 期；A. 昂司顿等，《这就是你崩溃时的大脑》（*This is your brain in meltdown*），出自《科学美国人》（*Scientific American*），2012 年。

2. 大脑，再见

不要相信我们的大脑

路斯·哈里斯博士关于大脑在我们早期生存中的作用的讨论：路斯·哈里斯，《幸福的陷阱：停止挣扎，开始生活》（*The Happiness Trap:Stop Struggling,Start Living*），艾西斯勒出版社，2014 年。

情绪与感觉

综合信息：M. 古恩纳尔和 K. 克维多（M.Gunnar&K.Quevedo），《压力与发展的神经生物学》（*The neurobiology of stress and development*），出自《心理学年鉴》（*Annual Review of Psychology*），2007 年，第 58 卷。

有益和有害的脑化学物质

洛蕾塔·格拉齐亚诺·布鲁宁博士对激素和大脑重塑进行的简单易懂的建议总结（还有她的相关视频），摘自由她所著的书《快乐大脑的习惯：重新训练你的大脑，以提高你的血清素、多巴胺、催产素、内啡肽水平》（*Habits of a Happy Brain:Retrain Your Brain to Boost Your Serotonin,Dopamine,Oxytocin,Endorphin Levels*），亚当斯传媒，2015 年。

我们面对压力的方式

压力大的母亲，其后代的大脑有功能失调的可能，使他们更容易受到压力的影响：请参考之前提到的这篇文章——《压力对人脑、行为和认知在一生中的影响》。

压力和精神疾病造成了近一半的儿童疾病负担：F.M. 戈尔（F.M.Gore）等，《全球 10—24 岁青少年疾病的负担：一个系统性的分析》（*Global burden of disease in young people aged 10–24 years: a systematic analysis*），出自《柳叶刀》（*Lancet*），2011 年，第 377 卷。

拉扎勒斯和福克曼的认知交互作用应激模型与应对：请参见福克曼，《个人控制、压力和应对过程：一个理论性分析》（*Personal control and stress and coping processes:a theoretical analysis*），出自《人格与社会心理学杂志》，1984 年，第 46 卷，第 4 期；拉扎勒斯和福克曼，《应激、评价和应对》（*Stress,Appraisal,and Coping*），施普林格，1984 年。

我们如何处理压力

压力体验和应对机制中的性别差异：M.P. 马杜德（M.P.Matud），《压力和应对机制中的性别差异》（*Gender differences in stress and coping styles*），出自《个性与个体差异》（*Personality and Individual Differences*），2004 年，第 37 卷，第 7 期；《压力在美国：压力与性别》（*Stress in America: stress and gender*），美国心理学协会，2010 年；S. 诺伦 - 霍克西玛（S.Nolen-Hoeksema），《性别差异在酒精使用及问题的风险与后果中的作用》（*Gender differences in risk factors and consequences for alcohol use and problems*），出自《临床心理学评论》（*Clinical Psychology Review*），2004 年，第 24 卷，第 8 期；T.M. 查普林（T.M.Chaplin）等，《情绪压力下的性别差异：一项跨越主观、行为和生理领域以及与酒精渴望有关的评估》（*Gender differences in response to emotional stress: an assessment across subjective,behavioral,and physiological domains and relations to alcohol craving*），出自《酗酒：临床与实验研究》（*Alcoholism：Clinical and Experimental Research*），2008 年，第 32 卷，第 7 期；S. 莱姆基（S.Lemke），《社会影响和与饮酒增加有关的压力因素中的性别差异》（*Gender differences in social influences and stressors linked to increased drinking*），出自《酒精与药物研究杂志》（*Journal of Studies on Alcohol and Drugs*），2008 年，第 69 卷，第 5 期。有关我的团队在人们应对方式上的研究，请参考 E.L. 惠特尔（E.L.Whittle）等，《男人、抑郁与应对：我们处在一条正确的道路上吗？》（*Men,depression, and coping:are we on the right path?*），出自《男性与男性气质心理学》（*Psychology of Men and Masculinities*），2015 年，第 16 卷，第 4 期；A.S. 福格蒂（A.S.Fogarty）等，《男性为预防和管理抑郁所采用的积极策略：一项定性调查研究》（*Men's use of positive strategies for preventing and managing depression:a qualitative investigation*），出自《情感障碍杂志》（*Journal of Affective Disorders*），2015 年，第 188 卷；M.J. 普雷尔（M.J.Player）等，《是什么中断了男性的自杀企图：一项定性研究》（*What interrupts suicide attempts in men:a qualitative study*），出自《科学公共图书馆综合卷》（*PLoS ONE*），2015 年，第 10 卷，第 6 期；哈佛医学院，《为什么压力会导致人们暴饮暴食》（*Why stress causes people to overeat*），出自《哈佛心理卫生报》（*Harvard Mental Health Letter*），哈佛健康出版社，2012 年。

思维给了我们更大的压力

综合信息：C.A. 帕蒂斯基和 D. 格林伯格（C.A.Padesky&D.Greenberger），《理智胜过情感：改变思维模式，排除情绪障碍》（*Mind over Mood:Changing How You Feel by Changing the Way You Think*），吉尔福德出版社，1995 年；

罗伯特·L. 莱希（Robert L.Leahy），《认知治疗技术：从业者指南》（*Cognitive Therapy Techniques:A Practitioner's Guide*），第 2 版，吉尔福德出版社，纽约，2017 年；狄巴克·乔布拉，《为什么要冥想？》（*Why meditate?*），狄巴克·乔布拉博客，2017 年 3 月。

思维错误：《无益的思维方式》（*Unhelpful thinking styles*），临床干预中心，西澳大利亚州卫生部。

压力的 ABC 模型

为什么认知行为疗法适用于学习管理你的思维压力：《什么是认知行为疗法》（*What is cognitive behaviour therapy*），贝克认知行为疗法学院；阿伦·T. 贝克等，《抑郁症的认知疗法》（*Cognitive Therapy of Depression*），吉尔福德出版社，1979 年；萨拉·埃德尔曼（Sarah Edelman），《改变你的思维：应用认知行为疗法来克服压力、负面情绪和自我挫败行为的积极而实用的方法》（*Change Your Thinking:Positive and Practical Ways to Overcome Stress,Negative Emotions and Self-Defeating Behaviour Using CBT*），ABC 图书，悉尼，2013 年。

做自己思维挑战的导师

其他实用信息：圣文森医院 CRUfAD 诊所，《处理思维》（*Tackling thoughts*）。

从你的思维中后退

学习如何解离你的思维：参见之前提到的这本书——路斯·哈里斯，《幸福的陷阱：停止挣扎，开始生活》。还有一个短视频可以帮助你去理解，如何解离那些有问题的思维——乔·奥利弗（Joe Oliver），《不受欢迎的派对客人：一个有关接纳与承诺疗法的隐喻》（*The unwelcome party guest:an ACT metaphor*），2011 年 1 月。路斯·哈里斯，《解离》（*Defusion*）。

分心的力量

M.M. 李纳翰（M.M.Linehan），《辩证行为疗法技能培训手册》（*DBT Skills Training Manual*），第 2 版，吉尔福德出版社，2015 年。

要正念，不要失念

综合信息：研究人员一直不遗余力地研究正念对大脑和身体的影响——发现它在许多有用的，甚至是意想不到的方面极为有益。请参考B. 库利(B.Khoury)等，《以正念为基础的疗愈：一项全面的荟萃分析》（*Mindfulness-based therapy:a comprehensive meta-analysis*），出自《临床心理学评论》，2013年，第33卷，第6期；唐一源（Y.Y.Tang）等，《正念冥想的神经科学》（*The neuroscience of mindfulness meditation*），出自《自然评论：神经科学》，2015年，第16卷，第4期；A. 卢茨（A.Lutz）等，《冥想中的注意力调节与监控》（*Attention regulation and monitoring in meditation*），出自《认知科学趋势》（*Trends in Cognitive Sciences*），2008年，第12卷，第4期；P. 格罗斯曼（P.Grossman）等，《正念减压与健康益处：一项荟萃分析》（*Mindfulness-based stress reduction and health benefits:a meta-analysis*），出自《身心医学研究杂志》（*Journal of Psychosomatic Research*），2004年，第57卷，第1期。

重新整编你的大脑——默认模式网络和聚焦注意力网络：M.A. 基林斯沃思和D.T. 吉尔伯特（M.A.Killingsworth&D.T.Gilbert），《一颗游荡的心是一颗不快乐的心》（*A wandering mind is an unhappy mind*），出自《科学》（*Science*），2010年，第330卷，第6006期；J.R. 安德鲁斯-汉娜（J.R.Andrews-Hanna）等，《默认模式网络与自生思维：组件过程、动态控制与临床相关性》（*The default network and self-generated thought:component processes,dynamic control,and clinical relevance*），出自《纽约科学院年鉴》（*Annals of the New York Academy of Sciences*），2014年，第1316卷，第1期；J.A. 布鲁尔（J.A.Brewer）等，《冥想与默认模式网络活动和连通性的差异相关》（*Meditation experience is associated with differences in default mode network activity and connectivity*），出自《美国国家科学院院刊》（*Proceedings of the National Academy of Sciences*），2011年，第108卷，第50期；A. 苏德和D.T. 琼斯（A.Sood&D.T.Jones），《论心智游移、注意力、大脑网络和冥想》（*On mind wandering, attention, brain networks, and meditation*），出自《探索》（*Explore*），2013 年，第 9 卷，第 3 期。

通过以下内容了解更多关于正念的技巧和练习：请参考之前提到的这本书——《辩证行为疗法技能培训手册》（第 2 版）；以及《辩证行为疗法技能培训讲义及练习册》（*DBT Skills Training Handouts and Worksheets*），第 2 版，吉尔福德出版社，2015 年。网上还有大量免费的正念引导的录音——你可能有兴趣观看正念减压疗法的创始人之一乔·卡巴金（Jon Kabat-Zinn）的《与乔·卡巴金一起进行引导性正念冥想练习》（*Guided mindfulness meditation practices with Jon Kabat-Zinn*）。

3. 害怕，再见

综合信息：B.L. 西沃德（B.L.Seaward），《压力管理要点》（*Essentials of Managing Stress*），第 4 版，琼斯和巴特莱特学习出版社，2017 年；B.L. 西沃德，《管理压力：健康与幸福的原则与策略》（*Managing Stress:Principles and Strategies for Health and Well-being*），第 8 版，琼斯和巴特莱特学习出版社，2015 年；L. 瓦沃格利和 C. 达维利（L.Varvogli&C.Darviri），《压力管理技巧：以实证为基础的减压和促进健康流程》（*Stress management techniques:evidence-based procedures that reduce stress and promote health*），出自《健康科学杂志》（*Health Science Journal*），2011 年，第 5 卷，第 2 期；《保健放松技巧》（*Relaxation techniques for health*），美国国立卫生研究院。

腹式呼吸

有一个很不错的视频可以教孩子们如何去呼吸：安吉利·鲁（Angele Roux），《吉力贝：儿童放松技巧》（*Jelly Belly：relaxation technique for children*），2010 年 5 月。

实用的成人腹式呼吸音频：《腹式呼吸》（*Belly breathing*），咨询与心理服务，墨尔本大学。

渐进式肌肉放松法

由大学研发设计的渐进式肌肉放松法音频：《渐进式肌肉放松疗程》（*Progressive muscular relaxation session*），西悉尼大学。

如何消除压力

更多拉伸技巧：我们通常推荐进行柔和拉伸以减轻压力，网上有很多免费的技巧；除此之外还有一个比较有名的资源来自 M. 魏和 J.E. 格罗夫斯（M.Wei&J.E.Groves），《哈佛医学院瑜伽指南：8 周获得力量、意识与灵活性》（*The Harvard Medical School Guide to Yoga:8 Weeks to Strength,Awareness,and Flexibility*），达·卡波出版社，2017 年。

友好的手

综合信息：克里斯廷·内夫，《关爱的化学物质：自我关怀如何在我们的身体中体现》（*The chemicals of care:how self-compassion manifests in our bodies*）。

更多研究及同情技巧：克里斯廷·内夫，《自我关怀的科学》（*The science of self-compassion*）。

应对性陈述

综合信息：S.C. 海耶斯（S.C.Hayes）等，《应对性陈述对脱敏疗法过程的影响》（*The effect of coping statements on progress through a desensitization hierarchy*），出自《行为治疗与实验精神病学杂志》（*Journal of Behavior Therapy and Experimental Psychiatry*），1983 年，第 14 卷，第 2 期。

焦虑的应对性陈述：T.A. 理查兹（T.A.Richards），《焦虑的应对性陈述》（*Coping statements for anxiety*）。

恐慌的应对性陈述：《应对恐慌》（*Coping with panic attacks*），皇家墨尔本理工大学心理咨询服务。

如何停止过分担忧

综合信息：T.D. 波可维克（T.D.Borkovec）等，《刺激控制在焦虑治疗中的应用》（*Stimulus control applications to the treatment of worry*），出自《行为

研究与治疗》（*Behaviour Research and Therapy*），1983年，第21卷，第3期；S.K.麦格温和E.贝哈尔（S.K.McGowan&E.Behar），《担忧刺激控制训练的初步研究：对焦虑和失眠的影响》（*A preliminary investigation of stimulus control training for worry:effects on anxiety and insomnia*），出自《行为矫正》（*Behavior Modification*），2013年，第37卷，第1期；《推迟你的担忧》（*Postpone your worry*），临床干预中心，西澳大利亚州卫生部。

学会自我关怀

综合信息：大多数支持自我关怀的证据，都是一流研究员克里斯廷·内夫（即下面的K.内夫）博士及其合作者的成果，请参见C.K.格尔默和K.内夫（C.K.Germer&K.Neff），《临床实践中的自我关怀》（*Self-compassion in clinical practice*），出自《临床心理学杂志》（*Journal of Clinical Psychology*），2013年，第69卷，第8期；K.内夫，《自我关怀的相关出版物》（*Self-compassion publications*）。

更多信息与练习：K.内夫，《自我关怀的引导性冥想与练习》（*Self-compassion guided meditations and exercises*）。

慈悲冥想：《慈悲冥想》（*Compassion meditation*），加州大学伯克利分校；K.内夫，《自我关怀的引导性冥想与练习》。

随缘行善

综合信息：O.S.库里（O.S.Curry）等，《乐意帮忙吗？一项关于善行对施善者幸福感影响的系统回顾与荟萃分析》（*Happy to help? A systematic review and meta-analysis of the effects of performing acts of kindness on the well-being of the actor*），出自《实验社会心理学杂志》（*Journal of Experimental Social Psychology*），2018年，第76卷；《善意的科学》（*The science of kindness*），随机善举基金会。

关于随缘行善的想法：《善意的想法》（*Kindness ideas*），随机善举基金会；《50种传递善意的方法》（*50 ways to pay it forward*），随机善举基金会博客，2015

年 3 月；《如何用善意改变世界》（*How to change the world with kindness*），随机善举基金会，2015 年 3 月。

说声谢谢你

综合信息：D.E. 戴维斯（D.E.Davis）等，《感恩小的事情：感恩干预的一项荟萃分析》（*Thankful for the little things: a meta-analysis of gratitude interventions*），出自《咨询心理学杂志》（*Journal of Counseling Psychology*），2016 年，第 63 卷，第 1 期；A.M. 伍德（A.M.Wood）等，《感恩与幸福：一个综述与理论整合》（*Gratitude and well-being:a review and theoretical integration*），出自《临床心理学评论》，2010 年，第 30 卷，第 7 期；请阅读一两篇罗伯特·埃蒙斯博士（Dr.Robert Emmons）所著的文章，他是在感恩领域世界领先的科学专家之一，文章来源于他的著作《身体与心灵：一些文章和其他》（*Mind&body:articles and more*），出自《上善杂志》（*Greater Good Magazine*），2010 年 11 月。

与承认你的感恩有关的想法：C. 蔡（C.Chua），《生活中值得感恩的 60 件事》（*60 things to be grateful for in life*）。

记录感恩日志：C. 阿克曼（C.Ackerman），《感恩日志：67 个日记模板、想法和应用程序》（*Gratitude journal:67 templates,ideas,and apps for your diary*），积极心理学项目，2017 年 4 月。

放下并前行

综合信息：S. 利希滕费尔德（S.Lichtenfeld）等，《宽恕与遗忘：决定宽恕与情感宽恕的区别》（*Forgive and forget:differences between decisional and emotional forgiveness*），出自《科学公共图书馆综合卷》，2015 年，第 10 卷，第 5 期；N.G. 韦德（N.G.Wade）等，《心理治疗干预对促进宽恕的效果：一项荟萃分析》（*Efficacy of psychotherapeutic interventions to promote forgiveness:a meta-analysis*），出自《咨询与临床心理学杂志》（*Journal of Consulting and Clinical Psychology*），2014 年，第 82 卷，第 1 期。

由领先的研究者埃弗雷特·沃辛顿教授提出的REACH宽恕干预法：原谅他人的REACH宽恕法（REACH forgiveness of others）。

4. 时限，再见

人生不是只有工作

职业倦怠的自我测量：Maslach职业倦怠量表（Maslach Burnout Inventory）是一种有效的测量职业倦怠的量表。对于大多数读者，我推荐MBI-人类服务量表（MBI-Human Services Survey, MBI-HSS）。

埃米特·米勒博士在使用引导性想象法治疗压力方面是一位先驱。

赢得与时间的战斗

时间管理：有一份免费的时间管理方面的问卷（但未经验证），可以帮助你确定自己在哪些领域的技能有待提高，请参见《如何有效地管理你的时间》（*How to manage your time effectively*），职业与就业能力服务，肯特大学。

IDEAL问题解决模型

综合信息：虽然我们进行了轻微改动，但这个好记的问题解决模型来源于J.D.布兰斯福德和B.S.施泰因（J.D.Bransford&B.S.Stein），《IDEAL问题解决者：提高思维、学习和创造力指南》（*The IDEAL Problem Solver:A Guide for Improving Thinking,Learning,and Creativity*），W.H.弗里曼出版公司，纽约，1984年。

目标管理的SMART原则

综合信息：G.T.多兰（G.T.Doran），《制订管理目标和目的的SMART方法》（*There's a S.M.A.R.T.way to write management's goals and objectives*），美国管理学会论坛，1981年11月。

制订你自己的SMART目标：如果你不喜欢我们的模板，你可以在网上搜索SMART目标模板的表格，以帮助你朝着新的、有效的SMART目标前进。

进行一次电子排毒

综合信息：A.格萨里和L.D.罗森（A.Gazzaley&L.D.Rosen），《一心多

用：高科技时代的古代大脑》（*The Distracted Mind:Ancient Brains in a High-tech World*），麻省理工学院出版社，2016 年；L.D. 罗森等（编），《威立心理学、技术与社会手册》（*The Wiley Handbook of Psychology,Technology and Society*），约翰威立国际出版公司，2015 年；N.A. 契弗（N.A.Cheever）等，《何时互联网和智能手机的使用成了一个问题？》（*When does Internet and smartphone use become a problem?*），摘自 M. 莫雷诺和 A. 拉多维奇（M.Moreno&A.Radovic）（编），《科技与青少年心理健康》（*Technology and Adolescent Mental Health*），施普林格，2018 年。如果你读不了这些大段的文字，或者不想读，那么你可以看看这个非常有趣、特别真实的采访：《拉里·罗森博士谈论分心时代的行动主义和想象力》（*Dr.Larry Rosen on activism and imagination in the age of the distracted mind*），罗伯·霍普金斯博客，2018 年 1 月。

其他有关电子排毒的建议：D. 弗里德曼（D.Friedman），《10 个完全能够掌握的步骤，指导你进行一次电子排毒》（*Your totally manageable 10-step guide to doing a digital detox*），健康网，2018 年 3 月。

5. 负重，再见

我们吃的东西可以帮助我们，也可以阻碍我们

综合信息:《肥胖和超重》(*Obesity and overweight*),世界卫生组织,2018 年;《饮食、身体活动与健康全球战略》（*Global Strategy on Diet,Physical Activity and Health*），世界卫生组织，2004 年。

2/3 的澳大利亚人是超重的，在你们国家也一样吗：《1975—2016 年，18 岁以上成年人中的超重患病率(年龄标准化估计): 男性和女性，2016 年》[*Prevalence of overweight among adults,ages 18+,1975-2016 (age standardized estimate):both sexes,2016*]，世界卫生组织。

压力会使我们超重：S.E. 杰克逊（S.E.Jackson）等，《以 2527 名年龄在 54

到 87 岁之间的男性和女性为人群样本，探究头发皮质醇和肥胖症的关系》（*Hair cortisol and adiposity in a population-based sample of 2,527 men and women aged 54 to 87 years*），出自《肥胖》（*Obesity*），2017 年，第 25 卷，第 3 期；L.E. 郭（L.E.Kuo）等，《慢性压力加上高脂 / 高糖的饮食，将交感神经信号转向神经肽 Y，从而导致肥胖和代谢紊乱》（*Chronic stress,combined with a high-fat/high-sugar diet,shifts sympathetic signaling toward neuropeptide Y and leads to obesity and the metabolic syndrome*），出自《纽约科学院年鉴》，2008 年，第 1148 卷，第 1 期；I. 基洛和 C. 齐格斯（I.Kyrou&C.Tsigos），《应激激素：生理应激和代谢调节》（*Stress hormones:physiological stress and regulation of metabolism*），出自《药理学新见》（*Current Opinion in Pharmacology*），2009 年，第 9 卷，第 6 期。

体重可以影响睡眠，反之亦然：F.P. 卡普西奥（F.P.Cappuccio）等，《关于睡眠时间短与儿童和成人肥胖的荟萃分析》（*Meta-analysis of short sleep duration and obesity in children and adults*），出自《睡眠》（*Sleep*），2008 年，第 31 卷，第 5 期；S. 塔赫利（S.Taheri）等，《睡眠时间短与瘦蛋白减少、饥饿激素升高和体重指数增加有关》（*Short sleep duration is associated with reduced leptin,elevated ghrelin,and increased body mass index*），出自《科学公共图书馆医学卷》（*PLoS Medicine*），2004 年，第 1 卷，第 3 期。

彻底减重

测量腰围：《腰围测量》（*Waist measurement*），澳大利亚心脏基金会。

计算你的静息（基础）代谢率：基础能量消耗：哈里斯 - 本尼迪克特方程（Basal energy expenditure:Harris Benedict Equation），康奈尔大学。

酒精消费大纲：澳大利亚国立健康与医学研究理事会，《澳大利亚降低饮酒健康风险的指导方针》（*Australian Guidelines to Reduce Health Risks from Drinking Alcohol*），澳大利亚政府，2009 年。

如何提高自身活力：提高活力（Get Active），澳大利亚心脏基金会。

我们坐得越多，健康风险就越高：W.W. 提戈贝（W.W.Tigbe），《久坐的时间与腰围和心血管风险具有相关性》（*Time spent in sedentary posture is associated with waist circumference and cardiovascular risk*），出自《国际肥胖期刊》（*International Journal of Obesity*），2017 年，第 41 卷，第 5 期。

少坐多动，可以增加我们的热量消耗：A. 克拉姆和 E.J. 兰格（A.Crum&E.J.Langer），《心态至关重要：运动与安慰剂效应》（*Mind-set matters: exercise and the placebo effect*），出自《心理科学》（*Psychological Science*），2007 年，第 18 卷，第 2 期。

长期以来经科学证明的可以帮助减重的项目：P.J. 摩根（P.J.Morgan）等，《SHED-IT 减肥法随机对照试验：一个基于互联网的男性减肥法评估》（*SHED-IT randomized controlled trial:evaluation of an internet-based weight-loss program for men*），出自《肥胖》，2009 年，第 17 卷，第 11 期。

减肥的中间媒介：M.D. 杨（M.D.Young）等，《减肥的行为中介在 SHED-IT 减肥法社区中超重和肥胖男性的随机对照试验》（*Behavioral mediators of weight loss in the SHED-IT community randomized controlled trial for overweight and obese men*），出自《行为医学年鉴》（*Annals of Behavioral Medicine*），2015 年，第 49 卷，第 2 期；L.W. 库格林（L.W.Coughlin）等，《行为中介在减肥保持试验中的治疗效果》（*Behavioural mediators of treatment effects in the weight loss maintenance trial*），出自《行为医学年鉴》，2013 年，第 46 卷，第 3 期。

运动缓解压力

综合信息：D.E.R. 沃伯顿（D.E.R.Warburton）等，《运动对健康有益的相关证据》（*Health benefits of physical activity:the evidence*），出自《加拿大医学协会期刊》（*Canadian Medical Association Journal*），2006 年，第 174 卷，第 6 期；M. 哈默尔（M.Hamer）等，《运动与心理健康的剂量 - 反应关系：苏格兰健康调查》（*Dose-response relationship between physical activity and mental health:the Scottish Health Survey*），出自《英国运动医学杂志》（*British Journal of Sports Medicine*），2008 年，第 43 卷；《运动与压力：动起来应对压力》（*Exercise and stress:get moving to manage stress*），美国梅奥医学中心。

我们所做的运动还不够：H.W. 科尔（H.W.Kohl）等，《缺乏运动的流行病：全球公共卫生行动》（*The pandemic of physical inactivity:global action for public health*），出自《柳叶刀》，2012 年，第 380 卷，第 9838 期；M.A. 斯图尔茨 - 科勒赫迈宁和 M. 辛哈（M.A.Stults-Kolehmainen&M.Sinha），《压力对体育活动和锻炼的影响》（*The effects of stress on physical activity and exercise*），出自《运动医学》（*Sports Medicine*），2014 年，第 44 卷，第 1 期；《超过一半的澳大利亚人在运动方面不够活跃》（*More than half of all Australians aren't active enough*），澳大利亚政府卫生部，2014 年；D.L. 布莱克威尔（D.L.Blackwell）等，《18—64 岁的成年人通过休闲体育活动以达到 2008 年度联邦有氧增肌运动指导方针要求过程中的各州差异：美国，2010—2015》（*State variation in meeting the 2008 Federal guidelines for both aerobic and muscle-strengthening activities through leisure-time physical activity among adults aged 18-64:United States, 2010-2015*），出自《美国国家卫生统计报告》（*National Health Statistics Reports*），2018 年，第 12 期。

这里还有一些有趣欢乐的资源可以激励你去运动：S.E. 理查兹（S.E.Richards），《4 种科学方法，激励自己去锻炼》（*4 science-backed ways to motivate yourself to work out*），Daily Burn 网站，2016 年 8 月；一项据说由迈克尔·莫斯利博士（Dr.Michael Mosley）进行实验的、健康方面的重要研究，《大实验》（*The BIG experiments*），《相信我，我是一名医生》（*Trust Me I'm a Doctor*），英国广播公司。

身体的正念

身体正念扫描：网上有许多免费的相关资源，比如正念认知研究中心（Mindful Awareness Research Centre），《身体扫描冥想》（*Body scan meditation*），加州大学洛杉矶分校医疗中心。

这是和睡眠有关的事

我们需要多少睡眠：《评估你的睡眠需求》（*Assess your sleep needs*），哈佛医学院。

睡眠与你的健康：L.S. 塔尔博特（L.S.Talbot）等，《青少年和成人的睡眠缺失：情感的变化》（*Sleep deprivation in adolescents and adults:changes in affect*），出自《情绪》（*Emotion*），2010 年，第 10 卷，第 6 期；请参考之前的文章——《睡眠时间短与瘦蛋白减少、饥饿激素升高和体重指数增加有关》；A.M. 威廉姆森和 A.M. 菲耶尔（A.M.Williamson&A.M.Feyer），《中度睡眠不足对认知能力和运动能力的损害相当于法律规定的酒精中毒水平》（*Moderate sleep deprivation produces impairments in cognitive and motor performance equivalent to legally prescribed levels of alcohol intoxication*），出自《职业与环境医学杂志》（*Occupational and Environmental Medicine*），2000 年，第 57 卷，第 10 期。

睡眠问题：《压力与失眠》（*Stress and insomnia*），美国国家睡眠基金会。

史上最佳睡眠方案

这些信息可以帮助你获得尽可能好的晚间睡眠：《睡眠日记》（*Sleep diary*），美国国家睡眠基金会；《如何睡得更好》（*How to sleep better*），Helpguide.org 官方网站。

“4-7-8”呼吸法练习

如何进行这个练习：请阅读并观看安德鲁·韦尔博士（Dr.Andrew Weil）对这个古老调息法的改编，《视频：呼吸练习之“4-7-8”呼吸法》（*Video:breathing exercises: 4-7-8 breath*）。

6. 斗争，再见

亲密关系中的压力

压力循环：我研究夫妻关系、跟踪和解释关系中的恶性循环以及它对每个伴侣意味着什么的灵感，主要来自苏·约翰逊（Sue Johnson）的情感聚焦疗法

（emotion focused therapy，EFT）和约翰·鲍比（John Bowlby）的依恋理论。请参考 S.M. 约翰逊和 V.E. 惠芬（S.M.Johnson&V.E.Whiffen）（编），《依恋关系导论：一份有关夫妻和家庭关系疗愈中的主要关系以及其在依恋过程中变化更新的治疗师指南》（*Introduction to Attachment:A Therapist's Guide to Primary Relationships and Their Renewal from Attachment Processes in Couple and Family Therapy*），吉尔福德出版社，2003 年；S.M. 约翰逊，《情感纽带还是讨价还价：关系范式及其对婚姻治疗的意义》（*Bonds or bargains:relationship paradigms and their significance for marital therapy*），出自《婚姻与家庭关系治疗期刊》（*Journal of Marital and Family Therapy*），1986 年，第 12 卷，第 3 期；S.M. 约翰逊，《情感聚焦夫妻关系疗法的实践：建立联系》（*The Practice of Emotionally Focused Couple Therapy:Creating Connection*），布鲁纳 / 梅兹出版社，1996 年。

依恋理论：关于约翰·鲍比突破性的研究，请参考约翰·鲍比的《44 个少年盗窃犯：他们的性格和家庭生活》（*Forty-four juvenile thieves: their character and home life*），出自《国际精神分析期刊》（*International Journal of Psychoanalysis*），1944 年，第 25 卷； 约翰·鲍比，《依恋与失去》（*Attachment and Loss*），第 1 卷，出自《依恋》（*Attachment*），基础读物出版社，1969 年。

为什么我们（以及我们的伴侣）会这样做：如果你只准备读一本关于亲密关系的书，那么就读读这一本——S.M. 约翰逊，《亲爱的，我们别吵了：化解夫妻冲突的七段对话》（*Hold Me Tight: Seven Conversations for a Lifetime of Love*），华榭出版公司，纽约，2008 年；此外也请参考，J.M. 戈特曼（J.M.Gottman），《什么预示着离婚？婚姻过程与婚姻结果的关系》（*What Predicts Divorce? The Relationship between Marital Processes and Marital Outcomes*），埃尔鲍姆出版公司，1994 年；J.M. 戈特曼和 N. 西尔弗（J.M.Gottman&N.Silver），《婚姻成功的七个原则：一本来自美国最重要关系专家的实用指南》（*The Seven Principles for Making Marriage Work:A Practical Guide from the Country's Foremost Relationship Expert*），企鹅兰登书屋，纽约，2015 年；K.T. 博尔曼（K.T.Buehlman）

等，《夫妻对他们过去的看法是如何预测他们的未来的：通过口述回顾访谈的方式预测离婚》（*How a couple views their past predicts their future: predicting divorce from an oral history interview*），出自《家庭心理学杂志》（*Journal of Family Psychology*），1992 年，第 5 卷，第 3 和第 4 期。

J.M. 戈特曼著名的有关情感关系中交流的“末日四骑士”比喻：《末日四骑士：批评、鄙视、辩护和冷战》（*The four horsemen:criticism,contempt,defensi-veness,and stonewalling*），以及《末日四骑士：解药》（*The four horsemen:the antidotes*）。

有压力的互动模式

良性与恶性的互动模式

D.B. 怀尔（D.B.Wile）的合作夫妻治疗：D.B. 怀尔，《合作夫妻治疗：将争吵转化为亲密对话》（*Collaborative couple therapy:turning fights into intimate conversations*），出自《澳大利亚心理治疗杂志》（*Psychotherapy in Australia*），2011 年，第 17 卷，第 3 期；D.B. 怀尔，《打开追赶与距离的闭环》（*Opening the circle of pursuit and distance*），出自《家庭过程杂志》（*Family Process*），2013 年，第 52 卷，第 1 期；R.C. 怀亚特和 E.L. 赛义德（R.C.Wyatt&E.L.Seid），《指导手册：夫妻心理治疗导论》（*Instructor's manual:couples therapy:an introduction*），心理治疗网。

与你的伴侣沟通

语言重塑

认知重塑（又被称为重构）：P. 瓦格斯（P.Vagos），《理解和培养坚定自我的一个认知视角》（*A cognitive perspective for understanding and training assertiveness*），出自《欧洲心理学家》（*European Psychologist*），2016 年，第 21 卷，第 2 期。

把事情说清楚

综合信息：请参考之前提到的文章及网上的信息，来自 J.M. 戈特曼、D.B. 怀尔、苏·约翰逊和其他人。

坚定自我在广泛关系中的应用

综合信息：S.R. 洛伊德（S.R.Lloyd），《培养积极自信：个人成功的实用技巧》（*Developing Positive Assertiveness:Practical Techniques for Personal Success*），第 3 版，克里斯普出版公司，2002 年；R.J. 帕特森（R.J.Paterson），《坚定自信工作手册：如何在工作和人际关系中表达自己的想法及维护自己》（*The Assertiveness Workbook:How to Express Your Ideas and Stand Up for Yourself at Work and in Relationships*），新先驱出版公司，2000 年。

如何开始坚定自我：Real Training Right Now 培训机构，《坚定自我》（*Being assertive*）。

不卑不亢、坚定自我的语言及非语言沟通：《坚定自我的技巧》（*Assertiveness skills*），斯坦福医学院，斯坦福大学；F. 米歇尔（F.Michel），《练习手册：坚定你自己》（*Workbook：assert yourself*），临床干预中心，西澳大利亚州卫生部。

用正念意象法来对付复杂的思想

指导性正念意向法：有很多免费的音频可以用在这个部分的正念练习中，请参考《海滨静修》（Ocean retreat），麦金利健康中心；还可以参考路斯·哈里斯博士的著作《幸福的陷阱：停止挣扎，开始生活》中的正念法相关资源；有关“关注眼前”这个练习，请参考 M.M. 李纳翰的《辩证行为疗法技能培训手册》。

7. 限制，再见

幸福的四个要素

一些健康方面的可信资源：《提倡精神卫生：概念、出现的证据及实践：一份来自世界卫生组织的报告》（*Promoting Mental Health: Concepts,Emerging Evidence,Practice:A Report of the World Health Organization*），世卫组织精神卫生和药物滥用司（Department of Mental Health and Substance Abuse）与维多利亚州健康促进基金会和墨尔本大学共同合作，2004 年；《精神资本与健

康：21 世纪做最好的自己》（*Mental Capital and Wellbeing: Making the Most of Ourselves in the 21st Century*），英国政府科学办公室，2008 年；《生理健康与心理健康：证据指南》（*Physical Health and Mental Wellbeing:Evidence Guide*），新南威尔士州精神卫生委员会，2016 年。

如何给身心俱疲的自己充电

实用资源：关于“消极”和“积极”的压力循环，有个简单好用的资料表，请参考《压力循环》（*The stress cycles*），得克萨斯大学咨询和心理健康中心。

建立心理韧性

综合信息：S.M. 索斯威克和 D.S. 查尼（S.M.Southwick&D.S.Charney），《心理韧性：掌握生命最大挑战的科学》（*Resilience: The Science of Mastering Life's Greatest Challenges*），第 1 版，剑桥大学出版社，2012 年；还可以参阅这篇综述，它强调了人类和动物模型中心理韧性的生物学和行为学组成部分——S.J. 拉索（S.J.Russo）等，《心理韧性的神经生物学原理》（*Neurobiology of resilience*），出自《自然神经科学》，2012 年，第 15 卷，第 11 期。

关心自己，奖励自己

综合信息：请参考之前的资料（第三部分：害怕，再见）中，克里斯廷·内夫博士关于什么是自我关怀、为什么要自我关怀的部分。关于目前自我关怀的方法，以及全科医生如何在社区中提倡自我关怀，请参考 C.J. 葛瑞夫斯和 J.L. 坎贝尔（C.J.Greaves&J.L.Campbel），《全科医疗中对自我关怀的支持》（*Supporting self-care in general practice*），出自《英国全科医学期刊》（*British Journal of General Practice*），2007 年，第 57 卷，第 543 期。一些政府资料实证，自我关怀方面的支持可以改善个人乃至社区范围内的身心健康状况，相关内容请参见 A. 多斯特（A.Dost），《自我关怀的支持：一些证据集合》（*Self-care support:the evidence pack*），英国卫生部，2007 年 7 月；M. 达根（M.Duggan）等，《澳大利亚自我关怀状况》（*The state of self-care in Australia*），由澳大利亚卫生政策合作协会委托编纂的文献，2017 年 2 月刊。

避免压力复发

以正念为基础的复发防范措施：K. 魏克维茨（K.Witkiewitz）等，《用正念疗愈防范成瘾行为的复发：变化的理论模型与假设机制》（*Mindfulness-based treatment to prevent addictive behavior relapse:theoretical models and hypothesized mechanisms of change*），出自《物质使用与误用杂志》（*Substance Use and Misuse*），2014 年，第 49 卷，第 5 期。

复发预防的认知 - 行为模型：G.A. 马拉特和 J.R. 戈登（G.A.Marlatt&J. R.Gordon）（编），《预防复发：成瘾行为治疗中的维持策略》（*Relapse Prevention:Maintenance Strategies in the Treatment of Addictive Behaviors*），吉尔福德出版社，1985 年；M.E. 拉里默（M.E.Larimer）等，《预防复发：马拉特认知行为模型综述》（*Relapse prevention:an overview of Marlatt's cognitive-behavioral model*），出自《酒精研究与健康》（*Alcohol Research and Health*），1999 年，第 23 卷，第 2 期。

著作权合同登记号　桂图登字：20-2020-164号

图书在版编目（CIP）数据

再见，压力 /（澳）马修·约翰斯通(Matthew Johnstone)，（澳）迈克尔·普雷尔(Michael Player) 著；陶莎译 . —南宁：广西科学技术出版社，2021.6（2021.12重印）

ISBN 978-7-5551-1552-6

Ⅰ. ①再… Ⅱ. ①马… ②迈… ③陶… Ⅲ. ①心理压力—心理调节—通俗读物 Ⅳ. ①B842.6-49

中国版本图书馆CIP数据核字（2021）第080409号

ZAIJIAN, YALI

再见，压力

[澳]马修·约翰斯通　[澳]迈克尔·普雷尔　著　　陶莎　译

策划编辑：冯　兰　　责任编辑：蒋　伟　冯　兰
助理编辑：王永杰　　版权编辑：尹维娜
责任审读：张桂宜　　责任校对：张思雯
装帧设计：古涧千溪　　责任印制：高定军
营销编辑：芦　岩　曹红宝

出 版 人：卢培钊　　出版发行：广西科学技术出版社
社　　址：广西南宁市东葛路66号　　邮政编码：530023
电　　话：010-58263266-804（北京）　0771-5845660（南宁）
传　　真：0771-5878485（南宁）
网　　址：http://www.ygxm.cn　　在线阅读：http://www.ygxm.cn

经　　销：全国各地新华书店
印　　刷：雅迪云印（天津）科技有限公司　　邮政编码：301501
地　　址：天津市宁河区现代产业区健捷路5号
开　　本：710mm×1000mm　1/16
字　　数：252千字　　印　　张：20.5
版　　次：2021年6月第1版　　印　　次：2021年12月第2次印刷
书　　号：ISBN 978-7-5551-1552-6
定　　价：108.00元